香艺入门百科

中国第一本香艺入门百科全书

张艺凡 / 编著

化学工业出版社
·北京·

图书在版编目（CIP）数据

香艺入门百科/张艺凡编著. —北京：化学工业出版社，2015.1（2025.6重印）
ISBN 978-7-122-22637-2

Ⅰ.①香… Ⅱ.①张… Ⅲ.①香料-文化-中国 Ⅳ.①TQ65

中国版本图书馆CIP数据核字（2014）第300396号

责任编辑：郑叶琳　　　　　　　　　　装帧设计：尹琳琳
责任校对：边　涛

出版发行：化学工业出版社（北京市东城区青年湖南街13号　邮政编码100011）
印　　装：涿州市般润文化传播有限公司
710mm×1000mm　1/16　印张 9$\frac{1}{2}$　字数140千字　2025年6月北京第1版第2次印刷

购书咨询：010-64518888　　　　　　　　　　　售后服务：010-64518899
网　　址：http://www.cip.com.cn
凡购买本书，如有缺损质量问题，本社销售中心负责调换。

定　价：68.00元　　　　　　　　　　　　　　　　版权所有　违者必究

序

收到张艺凡寄来的书稿，便迫不及待地匆匆读完。顿时，那个几年前瘦瘦的娇小的刚从学校出来的小姑娘，忽闪着一双仿佛在顾盼寻找的眼睛又出现在我的眼前。那时的她对香艺还不太了解。对香方还不太熟悉。还从来没上台表演过。甚至还从来没自己化过妆。但她的眼睛告诉我，这一切她都能行。因为，我看见了她的眼中饱含着的真诚、执着与善良。

她真的学会了许多。她的香艺表演能让人从柔美中感受灵魂的抚慰。我便说，你可以上台了，上台去担任教学。她研究古今的香方，做出了一款款效果不错的美容香品。她刺绣缝制的香囊，灵巧中显现着大方。就是这样一双纤纤小手和我一样打磨香料，打包装箱。常常在刺耳轰鸣的打磨声中一干就是连续几天。就这样，粗活细活，文事武行，寂寞中远离诱惑，淡忘中走入心灵，渐渐出落成一个知礼晓人，观远步实的丫头。

我总是喊她丫头。如同自家的孩子。却没想到，就这么个小丫头，居然写成了一本书，而且是一本纯理论的书。

香艺，这是当代一个崭新的香文化概念。它是在继承中国传统香文化的基础上，对当代香学、香生活提出的一个全新的完整香文化体系。它首先反映香料的完整性，而不是仅仅指的几种少数的香料。其次是它普遍的实用性。因为呼吸无时无处而不在。同时它又是物质与精神的结合，生理与心理相通的产物。而这一切都是通过艺术的方式和方法来实现。因为，人类从一开始的意识被唤醒之后，生存便与艺术的存在一同进化而来。香的最高境界是灵魂，而灵魂的价值是关怀。这便是香艺的根本追求。

多盼望有更多的张艺凡们走入中国香艺的科学与艺术的研究领域。年轻人的脚步声总是那么有力而响亮。那一部恢宏、动人的中国香艺交响曲，无论是和声还是领唱，未来都将是你们的名字。

乔木森

2014年12月1日

前言

　　中国曾经辉煌的历史，是由无数灿烂的古典文化所造就的，在这种辉煌与灿烂之中，充满了无数艺术和美学的文化元素。它们包括了琴的文化、诗歌的文化、书画的文化、茶的文化等等。在这其中，又有一种独特的内涵，它虽有着绝伦之美，却往往被世人所忽视，它过于独特，而被人们认为是虚幻之物，岂不知，它已然融入了中华的骨髓。这就是中国古典的香学文化。

　　想要在香这样一种雅趣中发现美感，绝非什么稀奇的事，但这种独特的美感，美的过于细腻，过于精巧，因此也美得让人容易忽视，所以它总是在细微中展现，却无法被多数人所真切的感知。

　　自接触中国古典香文化以来，我始终被这种充满了艺术感的美所感动着，激励着，自然而然的，我也会为很多人未能从香中得到美和灵感而感到可惜。世人对香元素的视而不见，让我始终渴望去推动香的文化，但是令我感到迷惑的是：虽然很多的前辈香人们（包括我的老师）一直致力于香学文化的推广，却始终收效甚微。

　　持有这种迷惑的人不仅是我，还有许多香文化的学者们，爱好者们。他们渴望香如茶一般，出现在现代人的生活中，但香却始终只是边缘的文化：多数的人认为用香过于高端，不接地气；或是有着太浓的宗教气息。却不知香的文化，无论是在物质还是在精神上，对我们每一个平常人都有着重要的意义。

当然，随着对香文化推广的探索不断深入，我们离答案也越来越近。

香学文化的美在于其充分展示了古典汉学文化的美感，但恰恰是这种令人震撼的古典气息，使其无法融入现代人的生活，从而使得香的文化始终停留在古籍、古画中，无法被切实的推广，更无法有进一步的突破。

时代永远处于变幻之中，文化也必须有所改变。香学文化的发展，也必须结合现代的环境和人文，以深入浅出的方式表现香与用香。如此，才能让香学文化更加的繁盛、丰富。

然而，融入现代精神是一把双刃剑，它能推广香的普及，也能扭曲其本真。如何保留香学的古典魅力，在不离开其精神宗旨的前提下，能够以更具有时代特点的方式，去推广、挖掘用香的艺术和美学，成为了我们这代香人们肩上的重担。

所幸我们拥有香艺：一种能够表现香的艺术和美感的现代手段。我们能以香艺来继承古典的用香内核，将其融入现代生活，去芜存精，以香的经典，消除世俗的浮夸。

成为一个时代的香艺师，这也是本书的主题。

目录

第一章　香之美

一、香之嗅觉美　/002
二、香之表现美　/008
三、香之氛围美　/019
四、香之意境美　/032

第二章　香之艺

一、香品　/040
二、香事　/054
三、香礼　/064
四、香器具　/071

第四章 沉香艺美

一、沉香概述 /102
二、沉香养生 /109
三、雅致沉香 /110
四、沉香香气 /120
五、总结 /122

第三章 香席设计

一、香席设计概述 /084
二、香席的组成内容 /088
三、香席的设计方式 /094
四、香席的设计技巧 /097

目录

第五章 香艺表演
一、香艺表演概述 /126
二、古典香艺故事 /129
三、现代香艺表演设计 /132

第六章 香会雅集
一、香会雅集概述 /136
二、香会雅集举办 /138
三、香的融入 /140

香的美先是一种嗅觉之感，再是一种形态之美，三是一种氛围之意，终是一种意境之味。本章旨在通过对香本身所具备之美学感悟，为用香者提供艺术用香之素材。

第一章　香之美

一、香之嗅觉美

香的嗅觉感知是对香气味的感受，这是感知香最为原始的方式。而香的嗅觉美是对香美学感知的第一步。用香者首先需要发掘出香在气味上的美感，并将这种美感传达给品香者，如此才能发掘出各种用香之美。

气味的感知

（一）嗅觉感知的特点

嗅觉是人体的五种感官之一，亦是佛家认为人所具之六识（视、听、嗅、味、触、脑）之一，它作为人体的一种感受、感知能力，以此来感知外在事物的气味特征。

每个人可以通过嗅觉来认知和感受外在环境、事物的气味。在人体生物学上，嗅觉是由人体的嗅神经系统和鼻三叉神经系统组成，气味分子通过人体的生物作用最终转化成为大脑的化学刺激，人便具备了对气味的感知能力。这种感知在人体的感官中属于远感，它可以在一定的距离和环境中被感受。

在我们生活的世界中，存在着千千万万种不同类型的气味，都需要我们通过嗅觉来认知和感受，并产生判断。气味的多样性，令我们对气味的感受也具备了多样性，不同的气味和组合能带给我们丰富多彩的嗅觉体验，从而令我们产生各种不同的判断。

而气味感知的一个特点，往往令我们容易忽略：当我们通过嗅觉感知气味，继而产生判断时。这种判断，往往需要借由个人的经验和想象。

首先，我们会把感受到的气味分为"香"和"臭"两种，"香"代表着这种气味可以令我们愉悦，而"臭"则反之，这是对气味所做出的最简单判断。但即便是这种简单的判断，也往往会因人而异：每个人都会有不同的感知习惯和感知经历，对于气味愉悦的理解也有所不同，相应的，对于不同的气味，不同的人也会有不同的"香"、"臭"判断标准。而当我们需要更精准、更细致地去形容一种已经感知到的气味时，这个标准就显得更加模糊和力不从心。

比如说：我们闻到了一种"玫瑰花般甜蜜、丝柔的清香"（假定这是最接近这种香气的文字描述），然后我们需要向一个没有闻到过这种气味的人尽可能准确地形容这种气味，这就需要我们对这个气味有着更精准，更详细的描述。那我们一般会如何去形容呢？喜爱这种气味的人，首先一定会用"香"来形容，而更进一步，或许他们会用上笔者上述所用的"甜蜜"、"丝柔"这两个褒义的形容词，或者是他认为更加准确的形容词，但不管怎么样，如果只是"甜蜜"、"丝柔"或者其他类似的抽象的形容香气的词语，还是很难让没有闻到这种气味的人去搞明白这种气味究竟怎么样。于是，作为形容者，我们最后一定会选上一个比较具体、形象的描述去向别人形容这种气味的特征，很有可能的，就会加上"像玫瑰花一般"这样能达到这种目的的形容词。

可这样的形容是否就足够准确呢，或者说这是否能充分地向他人描绘出了闻香者自己的感受呢。我们说语言的贫乏是显然的，它有时无法准确的表达感受，如同禅修中所言："如人饮水，冷暖自知。"唯有自己亲身闻到才能有最准确的感受。

但即便如此，同样闻到了这种气味的人却也未必和你有着同一般的感受，那些曾经对这种气味有过阴影，厌恶这种气味的人，甚至于对玫瑰花气味过敏的人是不会用"甜蜜"、"丝柔"这样的褒义形容词去形容这种气味的，他们很可能说成是"一种刺鼻，恶心的气味"，或者是"像玫瑰花气味一样令人作呕"。而那些从未闻过玫瑰花气味的，也永远不会明白"玫瑰花一样的气味"是一种什么样的气味。

综上所述，在通常情况下，一个人对于一种气味的嗅觉感知和气味描述，会因为感知者不同的个人经历和主观情感而有所不同。

所以说，嗅觉对于气味的感知是因人而异的，有过不同经历的人，有着不同气味偏好的人对同一种气味的感知会具有差异性。这从另一个侧面也表现出了气味的嗅觉感知是一个十分微妙的过程。一个优秀的用香者需要明白，这种微妙的不同也正是自然赋予不同人类个体的不同天赋。

嗅觉的另一个重要特点是它的感知能力会因为感知个体的心理状况和所处的环境不同而发生变化。当我们处于一个安静、干净、无味的环境中时，我们对于忽然出现的一种气味的感知力往往会增强，因为此时我们的注意力更容易集中，而当我们所处的是一个嘈杂、脏乱、异味的环境时，我们对忽然出现的一种气味的感知能力就会减弱，因为我们的注意力容易被外界所分散。同样，在内心更加平和、平静的状态中，我们的嗅觉感知能力往往要大于我们在焦虑或高压时的嗅觉感知力。

嗅觉感知的这种特点要求我们在细细品味一种气味的时候需要时刻保持内心的专注，同时也要尽可能地保证一个安静、简洁的外部环境。

嗅觉感知的第三个特点在于其可以直接影响到我们的情绪。首先，光是气味的香与臭或香臭的不同程度就可以直接令人的心情产生不同程度的愉悦或不悦，进一步，不同类型的香气也可以令人在心情的愉悦、舒适上有不同的感受。

嗅觉这种特点便是现代芳香疗法的基本依据,比如说,现代医学认为:丁香和茉莉花的气味会使人产生一种轻松、安静的情绪;水仙花的气味能使人的情绪得到平和;紫罗兰和玫瑰花的气味会让人情绪兴奋;桂花香气能带动人的食欲等。

人的嗅觉可以对不同的气味产生不同的感受,从而带动心理和情绪发生不同的变化。当然这些心理和情绪的变化也会因人而异。

中国历史上对鼻烟壶和鼻烟的使用,就是通过对嗅觉的刺激,带来情绪和心理上的作用

(二) 香气的特点

在前文中谈到,"香"和"臭"只能说是对气味的一个模糊感知,而且这种感知是因人而异的,但是当你用"香气"来形容一个气味时,你已经不自觉地将这种气味归入到令人愉悦的范畴了,换言之,对你喜欢

的气味，你才会形容其为"香"。根据嗅觉感知的特点，无论是"香"还是"臭"，都会对人的身心产生各种不同程度的影响，在这里，我们不去研究臭气对人的影响，本节的主题在于香气的特点及其作用。

首先，香气会给予人独特的感知经历，同时会勾起人的记忆，激发人的想象力。当我们在闻到一种香气时，由于它带来的愉悦，我们会本能的亲近这种气味，去更多地感知、感受它，从而得到更多享受。与此同时，香气也给品闻者带来了独特的感知经历，在很长一段时间中，这种感知都会潜藏在你的潜意识里。

在芳香心理学中，每个人不同的成长、教育、家庭背景都源于一个人的记忆，当一种过去的香味被闻到，香味会作为这种记忆的片段，被重新唤醒，与此交杂着的往往是各种快乐或痛苦的情绪。而当一种新的香气进入脑海时，如果它是愉悦的，它的快乐就会一直被保留在你的记忆里，成为专属于你的独特感知。不仅如此，香气还会激发出你的想象能力，当你试图感知并记忆一种香气时，你会充分调动你的想象能力，将这些抽象的感受变成具象的记忆。比如当你闻到一种清新的香味时，你会很容易联想到惬意、悠闲的野外环境，从而得到放松身心的效果。

在另一方面，当一个人对一种香味发生了持续的感知时，还可以达到令其内心更加的平和，感触更加的细腻、敏锐的效果。当你长期接触不同的香气，或者持续在芳香的环境中工作、学习之后，你的嗅觉对于气味的感知会变得更加敏锐，你会更倾向去捕捉生活中各种不同的气味，并充分利用你的嗅觉，因为长期的影响，你的嗅觉已经变成了一种令你非常愉悦的感官。同时，你的内心也会变得更加平静，因为当你充分发挥嗅觉感知力时，你必定是十分专注的，长期的专注带给你的必定是更加平和、安稳的内心。

《列子·汤问》："沐浴神瀵，肤色脂泽，香气经旬乃歇。"

只要是令人愉悦的香气，必定是经久不衰的，因为它会被深深的映入脑海里，不时被唤醒。

（三）香的嗅觉美

香气需要被人所感知才可以被感受，再独特美妙的气味，没有人去感知，也无法上升为一种精神上的美感。所以说，人是香气感知的承载者，香的嗅觉美在于人。

由于人嗅觉感知的特点和人对于香气感知的特性，就产生香的嗅觉美感。这种美感主要在于其丰富多变的气味与人的经历、智慧、思维碰撞所产生的火花。沉稳的人喜欢沉香的恬淡，张扬的人热爱檀香的浓烈，在自然的大千世界中，不同性格、背景、文化的人总能找到一种适宜自己内心的香气。而在这种品味香气的过程中，人的感触更加敏锐，他所感知到的变化也更加丰富。不同个体对于香气的不同理解，也造就了个体间各种交流、沟通、融合的可能性，其所激发的想象空间也是无穷的，是自然造化的美感在人类精神感知中的映射。

梅花

诗人陆游在《卜算子·咏梅》中叹梅花："无意苦争春，一任群芳妒。零落成泥碾作尘，只有香如故。"

在人类苍茫的历史中，有多少香气转瞬便消逝，这些瞬间又有多少被人所感知，而即便感知，又是否有那种独特的灵魂能将其展现，相信在陆游《卜算子·咏梅》诗中的那一刻，梅花的香气在诗人的敏锐和才情下转瞬而入永恒，香之嗅觉美在此刻绽放无疑。

二、香之表现美

香的美感不仅仅是一种气味，也绝非只表现在无形的气味和情感上，香的美感有时是可以直接触摸的，有时，它是一种天然的、原始的自然造化之美，有时，它也是一种古朴的、典雅的人文之美。

（一）自然香料的表现美

香料的使用，在中国香文化中有着5000年的历史，从的"椒兰蕙芷"到"沉檀龙麝"，不同香料的使用在历史中有着各自的文化沉淀和形式变化。在我们使用的香料中，一般可分为自然香料和人工香料，其中自然香料又可以分为自然植物性香料和自然动物性香料。在中国古典香学文化中，受中国国学文化中"天人合一"的思想的影响，香学文化无论处于历史的哪个阶段中，其香料的使用、开发、展现永远是针对纯天然香料的。可以说自然香料在文化中推进着人类和自然的共通与融合。

目前自然界已发现的植物香料有3600余种，其中有效利用的约为400种。取材包括

植物香料

了天然植物的根、干、茎、枝、皮、叶、花、果实和树脂等。天然动物香料多为动物体内的分泌物或排泄物，约有十几种，常用的有麝香、灵猫香、海狸香和龙涎香。在神奇的自然造物中，不同的香品被赋予了各种不同的形态、色彩和内涵，也展现着各自的美感。

1. 沉香

沉香的外形体现的是一种古朴、沧桑的美感。沉香的形成本身就包含了机缘和伤害：当沉香树受到刀斧、虫咬、雷击等伤害后，其木质部分受到细菌感染，沉香木在长期的自我免疫过程中形成一种用以保护伤口，阻挡溃烂的油脂，这种油脂保存在沉香的木质中，便是沉香。由于其形成原因的复杂性和多变性，沉香香材的原始状态总是呈现了一种独特性，加上其中往往会带有不同程度的伤害，长期的沉香醇化过程也致使沉香的外观多是风化的、沧桑、破碎的，每一块沉香都有着其独特的形态、颜色、气味。这种独特感融合了沉香沧桑的气质，不仅没有使得沉香的形态显得低廉，反而赋予其一种独特的质感，在其

沉香

质朴的外表下，蕴含的是一种金玉内敛、低调深沉、厚积薄发式的震撼美。

2. 檀香

檀香不仅香气非常醇厚，清雅的色泽也具备了纯洁的美感，新料的老山檀香一般是呈黄棕色的，随着放置时间的延长其颜色逐渐变深，转而成为黄褐色，品质出众的老料老山檀香的颜色还会出现红褐色甚至是深红色，其中红色的原料是十分罕见的优质香材。檀香这种纯色又富有层次感的色泽，以及其光滑细腻的外感展现了檀香香材的独特美感。

檀香珠子

3. 龙涎香

龙涎香是一种天然动物性香料，它的形成过程充分体现了自然界的造物之美，在它毫不起眼，粗糙的外表和笨拙的外形下，是它无比玄妙的形成经历。龙涎香是由抹香鲸在吞食了章鱼、乌贼后，难以消化其坚硬的角质颚和舌齿，这些物质刺激了抹香鲸的肠胃，分泌产生出一种肠道分泌物将其包裹，这种包裹物被抹香鲸排出体外后在阳光和海水的共同作用下，最终形成了龙涎香。龙涎香的外表虽然粗粝，但是在其灰白的外表下，内在有着一种蜡质般剔透的美感，因此这种香也因其外形被称为"灰色的琥珀"。另外龙涎香还有一个独特的美感存在,在焚烧时,龙涎香的烟气会极度的凝聚,其香味也有着极强的凝聚力,对其烟气的形容,古人称其"翠烟浮空,结而不散",意为烟气如同浮在空中的云,因此龙涎香也具备了一种展现缥缈、玄妙的香氛围的美感。

4. 麝香

麝香源自雄性麝肚脐和生殖器之间的囊腺分泌物,自古就是一种非常重要的药材。麝香外形奇特,其发香体为一粒一粒的香粒,香粒被包裹在一块大毛囊之中,可以展现出动物性香材的一种原始、自然的美感。

翠烟浮空,结而不散

5. 花卉

花卉香指的是各种花香料和草香料的总称,它们除了扑鼻的芬芳香气外,同时也具备着斑斓的色彩和绮丽的形态。花卉香的形态美可以说是最为缤纷多彩的,这点在插花艺术上显露无遗,各种色彩和形态的花卉组合在一起,不仅在视觉上体现出了多种不同的美感和极强的冲击力,同时也上升成为具有人

花卉香

文气息的艺术美感,并在长期的文化传承和发展中形成了一种独特的道学。

花卉香的形态美感可以作为主题体现,也可以作为点缀,可以作为深层次的艺术美感,也可以成为简单的视觉冲击,是香空间中最为常见的展现方式。

6. 降香

以降香为代表的木本香,其外观美感体现在其色彩和纹理的自然美以及由人的设计、加工、布置所体现出来的人文美。其中如黄花梨、降真香等木材在制成珠子后都有着行云流水的自然纹理,并以高昂的市场价格成为收藏界的宠儿。

降真香

(二)用香形式的表现美

在中国香学文化的发展中,香有着多种多样的使用方式,这其中的一些方式融入了普通百姓的日常生活,有些方式则展现了贵族阶级的奢华和高贵。这里包含了古代中华先民们对香的多种理解,不同的理解和表现形式中存在着不同的美感。本节主要列举了以下几种古典的用香方式及其所表现出来的美感,对于不同品类香品的表现、用香礼仪的展现以及香器具的表现美,会在下一章中作具体记述。

1. 香丸

《红楼梦》第七回中说道,薛宝钗患了一种病,是从娘胎里带来的一股热毒,犯时出现喘嗽等症状,一个和尚给宝钗说了个"海上仙方儿",叫"冷香丸",对宝钗的病大有裨益。据书中记载,这种冷香丸是将白牡丹花、白荷花、白芙蓉花、白梅花花蕊各十二两研末,并用同年雨水节令的雨、白露节令的露、霜降节令的霜、小雪节令的雪各十二钱加蜂蜜、白糖等调和,制作成龙眼大丸药,放入器皿中埋于花树根下。发病时,用黄柏十二分煎汤送服一丸即可。

这种"冷香丸"听起来很玄乎,加上这药奇妙的配制之法,药的效用也仿佛在那似有似无之间,用几种花蕊合成的药,加上那一年四季的雨露,还须埋于花树根下,这荒唐的治病之法不知是不是作者的杜撰。不过在古时,香丸一物是确实存在的,是以各种香料研磨成粉后自然混合,再加入水,植物黏粉(常用为榆树皮)调和成香泥,最后制作成小丸,阴干后即是香丸了。香丸的凝合十分牢固,长期存放也不会散开,因此至今仍有留存下来明清时期的合香丸。

在古时,合香也是一门涉及药学、医学的艰深学问,需要通过不同香料、香药的调和和配比,达到养生、保健的效果,因此香丸的制作也是十分严谨的,其中多有规矩,例如香药配比中的"君臣佐辅"规则,例如黏粉在其中的比例,绝非是信手拈来的,而是一代一代反复试验传承下来的。所以我们在使用香丸时,我们要看到那一颗颗小小的香丸背后,潜藏着的是中华文化五千年的精髓,是一代一代的文人、学者、医者反复试验、沉淀下来的精妙之美。

通过合香丸的展现,各种不同的香料和香气得以融合、凝聚在一个小小的圆融之中,香气和药性之间通过相互调和,扬长而补短。香丸所表现的形式,是中国香学文化中历代学者对香料、香气之间如何达成和谐,融合之美的极致追求，这种美的表现也体现了中国传统香文化中对统一、和谐的追求。

香丸多为合香所制，图为沉香香丸

2. 香囊

香囊，在古时也被称为"花袋"、"花囊"，也有名其为"荷包"的。香囊这一用香形式起源于最质朴的古代劳动人民中，它是男耕女织社会时期的一种独特的文化产物。最早期的香囊，一般是由女子用各种彩线绣织而成的精巧饰囊，交于男子随身佩戴，香囊中会配有各类香药，以起到随身避邪、祛秽、养生的功效。在中医中，有专门针对香囊保健作用的研究，在不同的时节配以不同的香药，随身佩戴、嗅闻，起到"治未病"的效果。

随着香囊形式，外观的不断变化，香囊逐渐有了更深层的意义和美感。

东汉文人繁钦在《定情诗》中道："何以致叩叩，香囊系肘后。"那时的年轻男女们通过互赠香囊来表达情谊，其中尤以男女之间的爱慕之情最盛。精致、小巧的香囊中，往往寄存男女之间的丝丝情意，在情感保守、内敛的古代社会中，香囊起到了一种小心翼翼地寄托哀思，传情达意的作用。

香囊也并非只有由女子赠与男子，古时女子佩戴香囊也十分盛行。香囊的佩戴也绝非贵族的专利，女子对香囊的佩戴所流露出的是一种带有女子细腻、温婉、内秀的美感，一度这也成为了大家闺秀的标志。

香囊的形制多种多样，有绣品，麻布，竹、草编织而成的，也有用软玉、金线所精制而成的，香囊除了在身上佩戴，也常用于帐中、室内、庭院中的装饰，香囊的使用，是雅俗共赏的，它展现的是优雅的香生活中最普遍和广泛的美好。

香囊

"蹙金妃子小花囊，销耗胸前结旧香。谁为君王重解得，一生遗恨系心肠。"——《太真香囊子》·张祜

诗歌描绘了安史之乱时，唐玄宗李隆基在万般无奈下赐死了爱妻杨玉环，后只得其莹莹遗骨和留存的一只小小香囊，垂垂老矣的玄宗睹物而思人，将香囊揽入衣袖后，老泪纵横的故事。

3. 香汤

曾几何时，细腻、雅致的人们已经不再满足于随身携带香囊所散发出的香味，而希望香气能够沁入肤骨，随身不灭而淡淡绽放，于是在香的各种展现方式中，就有了香汤。

香汤指的是在沐浴过程中，将香料加入浴汤之中，使得人在沐浴之后身上得以散发出沁人心脾的香气。

"浴兰汤兮沐芳，华采衣兮若英。"——《九歌》·屈原

这种用香料加入热水中洗浴身体的方式在夏代的时候便已经出现了，人们采集兰草，将其加入热水中，具有治疗风病的疗效。在这种文化习俗不断的传承，到了宋代时，人们也把五月五日的端午节称作"浴兰节"，香汤也被称为"兰汤"。

当人沐浴在充满了芬芳香气的浴水中时，可想其身心都是无比的放松和愉悦的，但是这种可将香沁入人身心之中的独特方式却并非每个人都可以享受到，由于需要消耗大量的香料，加上加热足够沐浴的热水的高成本，香汤一般是较为富裕的人家才有的。而对皇宫贵族而言，对于香料的极致追求和极大

《华清出浴图》清代·康涛
描绘了杨贵妃沐浴香汤后云鬟松挽，两个小童女捧着香露紧跟其后的场景

使用，也使得这一形式变得奢贵无比。

传闻汉成帝的两个宠妃：赵飞燕和赵合德，就是香汤沐浴的拥趸，她们为了争宠，不计成本地在自己的香汤中加入各种名贵、特殊的香料。温暖、迷离且高雅香气缭绕的环境，加之美人晶莹剔透的胴体，令帝王不胜颠倒，迷恋不已。此时的香汤与美人，塑造出来的是一种雍容华贵，亦真亦假的迷幻之境，香也由境入情，展现出了独特的美感。

4. 香妆

在古典香文化里，香给精致女人所带来的不仅仅是嗅觉上的冲击，同时，也是也是女人妆容、衣着的点缀，这便是香妆。即使是在香学文化势弱，对用香越来越不重视的现今，在妆容和衣物中加入香的元素，也是诸多爱美的女性所极致追求的，区别在于古代的美人们所使用的方法更加传统和天然。

比如在胭脂水粉中入香：古代女子用于妆容的胭脂水粉之物本身就取材自各种天然的香料，在后期的研制中，往往也会加入一些香料使其香味更加的丰富、诱人。发展到现代的各类化妆品种，往往也会含有各种香料提升香味。

熏衣，兴起于汉代，指的是古代上层贵族焚烧香料以熏衣物的习俗，由此也发展出了例如熏笼、香斗等用于衣物熏香的香器具。熏衣表现了上层阶级对衣物高洁的追求，其中高洁所代表的不仅是洁净，更是气味的芬芳。

无论是在妆容中还是在衣物中加入香料，其目的都是为了体现古代上层社会对于贴身之物气味的极致追求，这种香的表现形式体现了尊贵之人追求品格高洁，绝不同流合污的精神美感。

唐代李商隐有："轻寒夜省衣，金斗熨沉香。"古人有在香斗中放入香料，加热熨烫衣物的用香习俗。

《捣练图》（局部） 唐代·张萱
描绘侍女用香斗烫熨衣服的场景

5. 香饰

除去香囊、香丸的佩戴和使用外，香作为一种饰品在中国古典的香学文化中并不常见，但香也确实存在着这种独特的表现形式。比如人们对于鲜花的佩戴和装饰，在一定程度上也体现了香作为一种装饰品的作用。在历史上，也曾经出现过以沉香制式的摆设品和配饰品，如沉香朝珠，沉香山子，沉香雕刻品等。除了是一种独特的装饰品外，它往往也作为一种文化收藏品留存下来。

在如今的收藏市场中，以沉香制作的饰品已经不仅仅是一种饰品，它也是一种代表了中国香文化博大、深厚底蕴的文化符号，它所具备的收藏价值也使其成为文化收藏界的宠儿。

清代棋楠镶金手串

三、香之氛围美

香的美学展现除了能够通过嗅觉感官给人精神和心灵上带来的美感；通过香不同的展现和使用方式带来人文上的美感外，另外一个重要的方面是香还能通过古典用香文化中的各种香学元素来塑造出一种独特的整体氛围，并带来氛围上美感。要学习香的这种氛围美，并能运用这种氛围的美感来达成用香的美学展现，需要我们从历史、文化、宗教等角度感受香文化的魅力。

（一）香能创造出庄严的宗教氛围

通过对香元素、香文化的多角度展现，我们可以创造出一种宗教般庄严、厚重的氛围，这是因为在中国香学文化的历史和发展中，香和宗教文化有了密切的关联和相通，它们结合出了一种深沉的文化底蕴，其中最为突出的是佛教、佛学在香及其文化的融合上。

金刚经卷首《讲经说法图》，图中桌上摆着佛教行香用之"执炉"。

1. 中国香文化起源

要了解香和宗教的最初关系，需要我们了解中国香学文化的起源形态：祭祀活动。

《礼记·祭统》中有记载："凡治人之道，莫急于礼；礼有五经，莫重于祭。"中华文化历来注重礼仪，而在诸多的礼仪文化中，作为可与上苍（可理解为自然）沟通之礼仪，祭祀活动的重要性不言而喻。祭祀活动的诞生可追溯至距今6000多年以前的远古时期，这一活动在当时先民们的心目中有着无可比拟的神圣性。在如此神圣的祭祀活动中，所使用的仪式、仪轨也显得尤为重要，"香"字便是在这种文化背景中被创造出来。

"香"字在甲骨文中是上下结构，下面是一个代表容器的符号，上面是一簇"谷物"，形容的是"在容器中呈放了禾黍"，它代表的是在祭祀活动中的一种祭祀礼仪：在容器中呈放谷物用于祭祀的状态。"香"包含了祭祀所用的祭品——"谷物"，祭祀的方式——"存放以祭"这两层意义。在后来文字的不断演变中才最终成为了我们现在所用的"香"字。

《说文》:"香,芳也,从黍从甘。"从中我们也可以看出"香"字字意的转变,它先是从"祭祀行为"转变成了一种特指"谷物香甜气味"的形容词,随后逐渐演变成一种笼统的,形容气味美好的形容词。

从"香"字的由来及其含义的源起和转变,我们可以感受到香学文化在中国的历史中起源时的一种形态:它从上古时期中国的祭祀活动中衍变而来,它在基因深处包含了祭祀文化中那种对自然的敬畏和崇拜,以及对礼仪、仪轨的崇尚和严谨。

2. 印度佛教用香起源

在佛教的诞生地印度,也有类似中国早期香学文化中的祭祀礼仪,这种手法梵语称为"护摩",在佛教诞生前的古印度婆罗门教时期便已有之。佛教诞生后,教徒们通常以火燃烧乳木来进行这种仪式,目的是以代表光明和智慧的火焰燃烧掉代表烦恼的乳木。这也是后来佛教密宗护摩法之一。我们不难发现,这显然是一种燃香的方式。

香和佛教的关系密切,香在梵语中被称为"健达",佛教八部众护法之一有一"香神",不食酒肉,以香味为食。另有《贤愚经》记载:佛陀当年在祇园时,有长者在富奇那建造了一座旃檀堂,准备礼请佛陀。他手持香炉,遥望祇园,梵香礼敬,香烟袅袅,飘望祇园,徐徐降落在佛陀的头顶,形成一个"香云盖"。佛陀知悉后,即赴富奇那的旃檀堂。根据这个传说,"香"是弟子把信心通达于佛的媒介,因此经书上说"香为佛使"。用香供养佛,是一种虔诚的、清净的传达。这也成为了佛教中用香的起源。

3. 佛教用香与中国香学文化的结合

当中国以香祭天的传统礼仪融合了佛学中燃香供佛的虔诚,逐渐形成了中国的佛学用香文化。

这种融合首先体现在历史上。佛教于西汉末年由印度经西域传入中国，在南北朝时期就已经进入十分繁盛的状态。杜甫有诗云："南朝四百八十寺，多少楼台烟雨中。"诗中展现了南朝时期壮阔的佛学盛景。而在晋代，中国便开始了"行香"的礼仪，汉传佛教的法会、斋会中，各种燃香的仪式开始盛行，用香成为了中国佛学文化中不可或缺的部分。

其次，这种融合也体现在对香的认知上。中国香学文化对香作用上的认知和佛教对香作用的认知也有着惊人的相似。两种文化都认同香具有除臭解秽、祛除虫蚁、提神醒脑的作用，都赋予了香一种传递信息，寄托心愿的精神力量。佛教还认为香代表了菩提心，其中的沉香可以普熏法界。

最后，通过文化上的融合，佛教用香文化形成一种独特的文化整体，这种文化把中国传统文化中敬天悯人的那种庄重感、仪式感、敬畏感和佛学香文化中的虔诚礼佛，寻求智慧，寻求解脱的内省哲学思想相融合，在文化和历史的作用下，创造出了佛教用香文化独特的氛围感。这种氛围的表现形式是多样的，用香者可以通过用香环境、用香仪式、香品三个部分强调、展现其氛围美感。

（1）在用香环境上创造出一种庄重感：禁止品香者喧哗、调笑保证场所的安静、肃穆；将品香者服装，香室内陈设以及所用香器具带入佛教文化特色，加强氛围感；用香前可通过佛学思想、哲理的传播加强用香者敬香敬佛的心理状态；可使用佛像、佛经、佛珠的元素陈设布置。

（2）在用香时，加强仪式感，可融入佛教中的供香方式和上香礼仪，以表达用香过程中虔诚、恭敬的心态。常用的佛教上香方法有：三支清香供养佛、法、僧；上木块或小枝檀香的礼仪；竹香的上香礼仪；上环香、熏香、心香等。

（3）佛经中对香品有着详细的记载，其中沉香、檀香、藏香、龙脑香、降香等香料备受推崇。其所散发的香气也最能契合场景气氛。因此，用香者可尽可能的选用这些香料，通过嗅觉感知强化用香氛围。

佛教的宝鼎与香炉

（二）香能创造出高雅的贵族氛围

中国香文化的发展历史中，用香通常不是一件简单普通的事，许多普通百姓只能关注到用香最普及的层面。而对于各种香料的考究，对精致香器具的考究，对独特用香方式的考究，往往都是贵族阶层的特殊福利。这使得在用香的氛围中，有一种中国式的高雅贵族用香氛围。

1. 历史上的贵族用香

中国香学文化发展到先秦时期，随着国人对各种香料的研究不断加深，香文化逐渐发展到了生活用香的层面，在这一时期诞生皇室贵族的用香之风，而到了汉代，随着交通、运输能力的发展，加之国家版图的扩张，许多来自南方边陲地区的珍贵香料进入中原，贵族用香之风开始盛行。

由于皇室贵胄们对于包括沉香、龙脑、麝香、龙涎香、檀香等名贵香料资源的垄断，在一定时期内，贵族用香的主要特点就是对名贵香料的大量使用。这种对名贵香料的大量消耗在隋唐时期尤为明显。

故宫中的香炉

《香乘》中引述杨广对于沉香的暴殄天物:"晋武时外国亦贡异香,迨炀帝(炀帝杨广公元568－618年)除夜火山烧沉香甲煎不计数,海南诸香毕至矣。"

《朝野佥载》有用香料做建筑材料的记载:"宗楚客造一新宅成,皆是文柏为梁,沉香和红粉以泥壁,开门则香气蓬勃。"

传说中杨国忠所建之"四香阁"尤其奢侈恢宏,香料的消耗也是不计其数:"国忠又用沉香为阁,檀香为栏,以麝香、乳香筛土和为泥饰壁。每于春时木芍药盛开之际,聚宾友于此阁上赏花焉。禁中沉香之亭远不侔此壮丽也。"

贵族用香的另一个特点是对香各个方面使用的细致到了无孔不入的程度,比如口含香,随身配香,衣食住行和各个空间无不需要熏香等。香由此成为了一种身份的象征,成为了贵族趋之若鹜的追求。

"晚妆初过,沈檀轻注些儿个。向人微露丁香颗。一曲清歌,暂引樱桃破。罗袖裛残殷色可,杯深旋被香醪涴。绣床斜凭娇无那。烂嚼红茸,笑向檀郎唾。"——《一斛珠》·李煜

李煜的《一斛珠》展现出贵族阶级在日常精致、优雅的生活中与香相依相偎,不可分离的状态。

贵族用香的第三个特点是对香器具的不断追求与考究,不同的香料,不同的使用环境,不同的使用方式所衍生制作出各种香器具,种类繁复、制式精美、工艺考究,有一些甚至成为了绝世的艺术品,比如明代的宣德炉。

大明宣德炉

2. 用香的精神文化属性

贵族阶级对香的喜爱和大量的使用，除了香所带来的感官享受外，更为重要的是，香具备了较强的精神和文化属性，使其表现出了脱离日常物质生活之外的消遣、娱乐、彰显身份的作用。在生产力并不发达的中国古代社会，普通人的生活基本围绕着日常的衣食住行等基本需求展开，而对贵族香生活这样一种脱离了日常基本生活要素的精致生活，是渴望而不可即的。这也从另一层面表现出贵族的用香生活是建立在物质基础上的精神生活和文化生活，这就是其高雅和奢华的表现。

3. 如何塑造一个高雅的用香氛围

用香者通过使用贵族用香的文化元素可以在现代生活中还原出一个高雅的贵族用香氛围，以此展现其美感。

首先，在香料的选择上，用香者可通过使用以"沉、檀、龙、麝"为代表的名贵香料来突显品香氛围的奢华和高雅。展示氛围时可提前燃香，以香烟袅绕的氛围带来嗅觉和视觉的双重冲击。

其次，高雅的用香环境还体现在对香器具的选择和展现上，尽可能使用更多的香器具类型，如香斗、熏香球、香笼、香炉、香篆等不同的器具，同时在环境的布置上搭配瓷器、字画、玉石之类的贵族要素，用香者可以通过穿戴、配饰古代贵族的华服以烘托出用香环境的华贵。

最后，丰富用香的形式，展现出精致的追求，如：口含鸡舌香，以香熏衣、持炉品香、燃香篆、喝香茶、食香点、配合香丸等等。

（三）香能创造出高洁的雅士氛围

文人用香在中国香学文化的历史上有着十分重要的地位，可以说生活用香的文化能够得以传播和发展主要得益于文人对香的喜爱和传承。而中国儒学文化下文人高洁、志远、修身、翰文等优秀的精神品德也常常以各种形式被寄托在用香活动之中。因此，香成为了文人雅士们日常生活中不可或缺的部分，并带上了物质和精神的双重作用，这里主要记述先秦和宋代两个比较有代表性的时期，文人雅士与香的关系。

1. 先秦文人与香

受到先秦时期社会生产力和国家版图的影响，人们对于生活用香的需求还停留在各种草、木本香料及其使用上，此时的中国古典用香仍处于发展的初期。但尽管香料的使用仍在初级阶段，

《听琴图》
文人抚琴必点琴头香，香已经成为文人生活中必不可少的部分

文人们对于香的理解，却已经开始上升到了精神层面，其中最为典型的表现是《诗经》中对于各种香草的描述以及其背后的寄托：其中大量使用了各种香草的形象，并以此来比喻美好的事物，表达了一种浪漫主义的情怀。

《王风·采葛》：彼采葛兮，一日不见，如三月兮。彼采萧兮，一日不见，如三秋兮。彼采艾兮，一日不见，如三岁兮。

诗歌借用"葛、萧、艾"三种芳香植物，通过对它们的采集，寄托了一种浪漫的相思。

诸如此类的诗句有很多，有借香草表达思归之情（《小雅·采薇》）；有借之表达爱慕之情（《邶风·静女》中以"荑"作为定情信物）；有借香草讴歌繁殖的伟大（《唐风·椒聊》），举不胜举。归根结底，香在其中象征的都是美好的存在。

此时的文人感香、用香的代表人物是楚国士大夫屈原，屈原借用香

在香室中加入清雅的植物可以突出品香氛围的优雅

来比喻自己崇高、纯洁的道德品质。这在《离骚》和《九歌》等作品中表露无遗。

> 《离骚》："扈江离与辟芷兮，纫秋兰以为佩。"其中，江离、辟芷、秋兰都是香草。屈原是借用这些美好的香气来表达自己理想主义的道德和情操。

2. 宋代文人与香

到了宋代，文人对于香的精神寄托，已不仅仅是一种对香料香气美好的感知和文学上的借用，而更多的是通过品香这一活动来到达更深层次的精神诉求。在宋代，"品香、斗茶、插画、挂画"已经成为了文人雅士们日常生活的"四般闲事"，这些活动成为了文人雅士们休闲生活最重要的组成部分，同样也承担着这些儒家文化熏陶下的才子们修身养性的重要作用。

沉香雕刻——八仙庆寿

黄庭坚曾作《品香四德》："净心契道、品评审美、励志翰文、调和身心。"旨在通过品香活动，帮助文人雅士达到内外兼修，身心同养的境界。

因此文人用香更注重用香这一行为本身和由此带来的思想交集、独立思考，对于香料和器具的使用倒并没有那么考究，只是品香论道这种活动对于参与者的要求更为严格，且其中通常结合了茶、琴、花等文化元素。

3. 雅士用香氛围的美学体现

用香者通过对古代文人雅士香学文化元素的使用，可以实现对古典香学氛围的创造，从而展现出一种高洁、雅致型用香美感。

（1）在文人用香氛围美感的塑造中，用香者可以通过对一些颇具雅致美感的文化元素的使用，来增强用香氛围的美感。通过对宋代文人雅士用香习惯的了解，我们可以在香氛围中添加各种与此相关的文化元素，结合"四般闲事"的内容，可加入茶文化元素，花文化元素，中国水墨画文化等烘托气氛。在具体实施时，可使用茶席的内容，茶器具，品茶活动等；或在环境中点缀"梅、兰、竹、菊"等具有独特中国式文人色彩的植物；在环境的布置上，可以加入中国传统的山水画，丰富意境内涵。

（2）文人用香重在对文化意境的表现和闻香者品德、志向的表达。所用的香品必须是天然香料，但不必追求名贵；用香之形式可以细致考究，但不必刻意奢华；香器具多体现典雅制式，而不必苛求经典。所以在整体感的体现时，重要的是能体现出中国古代文人雅士在道德、精神上的崇高追求，而非用香的奢侈华贵。

（3）文人用香同时也是一种思维的交流和碰撞，所谓品香而论道，是以品香之形式直达心意的一种行为，因此其用香氛围的体现不应是静态的环境布置，而是一种体现在才思流动上的人情动态之美。

（四）香能创造出缭绕的仙玄氛围

在中国香文化的发展史中，有一支文化是通过香的运用和表达来寻求一种"天人合一"的玄学境界。这种独特的用香方式兴起于秦汉时期的贵族阶级，结合了道家自然瑰丽的哲学思想，将用香之学问上升成为人对于无边无际的广阔自然的求索，以及渴望融于自然而"羽化登仙"的精神渴望。香在历史上出现的这种形态赋予了用香一种缭绕的仙境之美。

对于融入自然的追求也是用香文化的体现

1. 道家用香

中国道家用香文化起源于先秦，至秦汉时期，日渐丰富的道家哲学思想通过融合中医学、香药学，成为了独特的"形而上"的"心香"学说。这种学说指的是一种通过香的使用造就"心中之香"，并以此休养生息达到"长生"之保健目的的修行。道家思想认为香不仅能够使修行的场所气味馨香、威严庄重，而且能使修行者心灵达到宁静，获得灵感。由此，香学文化在道家的祭祀和修行中起到关键的作用。

2. 仙玄氛围的塑造

通过和中国道家文化的结合，香学文化元素创造出了一种香气缭绕的仙玄氛围，从而达成一种用香氛围美感。用香者可以运用香器具之美（尤其是博山炉）；香气、香氛塑造的缥缈感；缭绕的香烟等香学元素达成美感的体现。用香者可结合道家"自然出世"的境界，多采用自然的主题元素结合香学氛围，达成美感。

香所塑造的缭绕的仙玄氛围是中国古代先民们对回归自然世界的一种追求，"寻仙问道"是中国传统文化中渴望回归自然的至高境界，它可以通过香的文化、香的意境来展现，也是用香者表达香的氛围美学的一种主题。

四、香之意境美

香中所带的意境，在用香的美学之中，是一种更为深层和高级的体现。香意境美的感知是对香的嗅觉美、香的表现美和香的氛围美三者的整体感知，用香者通过对具体事物的感受上升为对香的感悟，这需要用香者对香学文化的整体有很好的把握。

感知香的意境美学，可以帮助用香者在展现香的美学时，将对美的感知升华到精神感悟的层面，而这种深层次的感知内容也是中国香学文化在其历史发展中的独特之处。

所谓意境，指的是人文作品或自然景观中所展现的情调和境界，它通常借助一种形象来转达独特意蕴。香的意境美指的是在中国香学文化发展的历史中，人文作品和自然世界里各种香的美好形象，来展现、传达一种正面的、积极的、美好的价值观，并以此体现出美的情调、美的境界和美的意蕴。

（一）香传达的是美好的德行

从先秦时期开始，人们就以香来比喻美好，在中华文明中，最美好的事物，莫过于人所具备的高尚德行。在大量的文学作品中，我们都可以看到，古代的文人志士们将香作为美好道德及情操的传达。人们相信，在身体层面感受到的芬芳，也是对精神的极大熏陶，而香所具备的这种意境美感已经融入到了中华文化的骨髓和灵魂。

《尚书》："至治馨香，感于神明，黍稷非馨，明德惟馨。"文意赋予美好的道德能散发出馨香。

孔子的仁义，体现在："同心之言，其嗅如兰。"

屈原的清高，体现在："朝饮木兰之坠露兮，夕餐秋菊之落英。"

陶渊明的独善，体现在："采菊东篱下，悠然见南山。"

白梅花的香气，是才华、成就的象征

香所代表的这种厚德，在我们背诵"斯有陋室，惟吾德馨"时已自然而然的被带出，道德的美好和香的意境完美的结合，有了更加深远的表达。

刘禹锡·《陋室铭》

（二）香代表的是个人的心性和志向

通过香的元素，在文学作品中表达自我崇高的志向，或者人生感悟，这样的情况比比皆是。

《警世贤文》："宝剑锋从磨砺出 梅花香自苦寒来。"通过借用梅花的香气的意象，抒发用功苦学之志。

陈去非在《焚香》中，通过香表达的是自己一种明理而定性的心智。

而苏轼："一柱烟消火冷，半身生老心闲。"是通过香消带出了一种精神上的无奈和沧桑。

由个体对香的不同感悟，赋予香的不同意象，从而给文字带来了不同的意境，言简而意深，这种美感不仅是文思之美，也是感香之美。

（三）香能用以体现奢华

在贵族用香中，香作为一种奢侈品的概念在文化中深入人心，因此，香常常被作为一种能够展现奢华的意象，造就意境。

"多少楼台好风月，乐声香气更无空。"——《句》·石延年

"红日已高三丈透，金炉次第添香兽，红锦地衣随步皱。"——《浣溪沙》·李煜

有时对用香的表达，可以无需赘言描述，自然而然地表现出一种奢华的气氛，而这种由香所带来的奢华背后又往往会被赋予一种独特的空虚、落寞之感。

（四）香是佳人气质、美貌的展现

香的美好，也常被用于表现佳人的独特气质和美妙容颜，而且用香

来缓缓道来时,尤显得高雅不俗,清新不媚。

古时贵胄用香的"香兽熏"

《红楼梦》中曹雪芹赞妙玉:"气质美如兰,才华馥比香。"
"斜托香腮春笋嫩,为谁和泪倚阑干?"《捣练子》·李煜
"恰便似落雁沉鱼,羞花闭月,香娇玉嫩。"《美色》·刘庭信

焚香而拜月,体现的是"香"、"月"、"佳人"三个意象完美融合达成的意境之美

(五) 香能够抒发某种独特的情愫

"香"是一种非常奇妙的事物,它不仅去除了身体上的污秽,赋予芬芳,它还体现了精神上的审美和情操。在焚香时,先是缥缈上升的烟气和香烟所带起的美好气味,随之而后,剩余的是燃烧一次便化为灰烬而终不可复得的香灰。这一过程里,每种独特的形态都会引发人们情绪的波动,而焚香时所营造出悠远、静谧的环境更容易令思绪遐想飞逸,因此这类香的意象往往会成为某种情绪的寄托或是引发者,并且这种情绪与"香"所暗含的"流逝过往"、"美好而不可复得"、"微弱却挥之不去"的特性联系在一起的,产生的必然是那些"惆怅的"、"伤感的"、"凄凉的"之

类的独特情愫。

"怜君亦是无端物，贪作馨香却焚身。"《香》·罗隐

"如今莫问西禅坞，一炷寒香老病身。"《春晚寄钟尚书》·罗隐

"烛明香暗画楼深，满鬓清霜残雪，思难禁。"《虞美人》·李煜

香的意境美通常是通过文学元素将香的元素创造成一种"香意象"，再通过人对"香意象"的感知上升成为一种意境，这种上升的过程往往是通过历史和文化的内涵将香味的嗅觉感知通感到人的其它的感觉中，在不同的个体思维中会产生不同的美学感知，而香的意境由此便可以展现出来。

在中国古典香学文化中，常用的"香意象"一般离不开香气、用香方式、用香器具三方面，意境的创造者可以通过利用不同的元素主题表达自己的思想。同琴一般，香也是有"知音"一说的，当感受者准确地感知到创作者的意境表达时，便能成为感知"香意境"的知音。

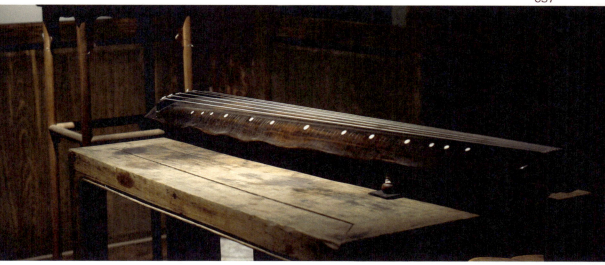

香和琴一样可表达出"知音"的意蕴

用香，是一个过程，让香融入我、融入境的过程。它不仅是一个复杂的过程，它也是一个有着充分美感的过程，而这种美感的体现，亦是对用香艺术化的追求。本章从用香之香品、用香之香事、用香之礼仪、用香之器具四个方面，来表现用香的艺术

第二章　香之艺

一、香品

在现代香品的制作和开发中,原料一般可分为天然香料和人工香料,其中天然香料又可以分为天然植物性香料和天然动物性香料。在中国古典香学文化中,所用的香料,必是源自自然,经过人力的开发、采掘等手段取用的天然香材。蒙熏于国学文化中对自然的推崇和敬仰,香学文化在发展的各个阶段中,对香料的使用始终追求的是人与自然的共通和融合。

目前自然界中已发现的香料植物有 3600 余种,其中有效利用的约为 400 种。取材包括了植物的根、干、茎、枝、皮、叶、花、果实或树脂等。天然动物香料多为动物体内的分泌物或排泄物,约有十几种,常用的有麝香、灵猫香、海狸香和龙涎香等。

在中古古典香学文化中,香料的采集始终源自最原始的自然环境

(一) 香品的发展史

香品在中国历史上的融合和发展是一个随着国家疆域、贸易、生产力等因素的不断强化而渐进式的发展过程,其中包含着对香料的认知、

开发、利用及合香文化的发展。

在香文化的起源时期，香料以祭祀用品的形式出现，此时的用香材料并没有太多的选择，但是出于对祭祀上苍的尊重，所用的香料一般是柴木、香蒿、萧、谷物、米酒等较为珍贵之物。使用香料的唯一目的是表现祭祀礼仪的崇高。

燃木是最初祭祀的主要方式

艾草是早期香文化中常用的香料

在生活用香方面，局限于中原文化的地域局限性，所用的香材一般多以"兰"、"柏"之类。到了战国时期，随着佩香、香囊文化的兴起，选用的香料一般都是各类具有芬芳香气的植物，如：兰、蕙、艾、芷、桂、郁、茅、椒、辛夷、木兰等各类香草。此时也有用檀，但多指檀木，而并非后期所用之檀香。

到了汉代，随着国家版图的扩张，加上丝绸之路带来的贸易，东欧、西亚、南亚、中亚等地的香料开始进入中原地区，并以贸易和朝贡的形式进入中国的用香史。其中包括：沉香、青木香、苏合香、丁香、枫香、迷迭香、艾纳香、枫香、乳香、龙脑香等香料、香品。

汉后的中国香文化发展开始提速，随着香料种类、储备的日渐丰富，加之对香药学的研究深入，到了魏晋时期，合香开始出现并逐步发展。

用香的风潮到了隋唐开始盛行,也包括香料的发展,海上丝绸之路的发展推动了中国与南洋国家的贸易往来,使得中原的香料库更加丰富,同时也推动了对沉香、麝香、龙涎香、甲香、檀香、安息香等香料的使用,并且根据不同香料的地域分布,形成了完整的产地、贸易网络。最后,龙涎香的使用标志着中国香学文化香料库的最终完备。

中国香学文化中香药的品种和使用在隋唐时期就已经得到完备及一定程度上的普及,而香料在接下来的文化发展中,其最为重要内容是合香体系的发展和完备。

(二)常用的香品

在中国古典香学文化发展的初期,对单品香的使用较多,随着文化的不断发展,用香内容的不断丰富,人们开始推崇对合香的使用。本节中主要介绍几种常用的单品香料。

1. 沉水香

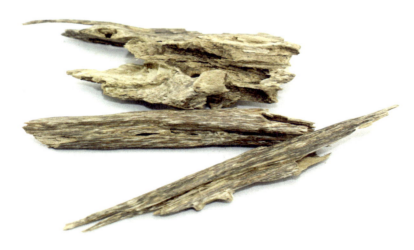

沉香

沉水香也称为沉香,是一种油脂类的香料,在自然条件下,沉香一般是由它的主要发香体——"沉香醇"及其木质成分——沉香木混合而成。

与多数香料不同，沉香的形成具有其独特的特点：当沉香木受到深达木质部的外伤伤害后，在其所属的生长环境中，伤口区域会受到细菌的感染，沉香木为了阻止感染的扩散而利用自身的树汁进行一系列的生物变化，并在一段时间后形成一种独特的膏状混合物包裹住伤口四周的感染木质，这种膏状混合物形成后将储存在沉香木的木质导管和木细胞中，其整体便是我们所说的沉香。

沉香木是一种木质密度较低，疏松且易受到伤害的树种，但它所结出的油脂"沉香醇"则密度较高，当沉香中的"沉香醇"比例达到一定程度后，沉香的整体密度会高于水，达到"沉水"的级别。古人将沉香称为"沉水香"、"沉香"，正是因为它具有能沉于水的特性。

在现代的沉香知识理论中，大约有四科十六属的树种可以结出沉香，且即便是"沉香醇"含量较低，不能沉于水的香体，只要结香方式相符，我们也可以称其为"沉香"。但在古代，除非香体能沉于水，否则不同位置结出的不同品质的香体都会被冠以不同的称呼，如"栈香"、"黄熟香"、"马蹄香"、"鸡骨香"等等。

沉香是一种十分传统的香药，因此具有"香中之王"的美誉，由于其香气清雅且柔和，具有调和各种不同香气的作用，因此在合香中，常常被赋予"协和诸药，使之不争"的作用，由此沉香也被称为"香中阁老"。

沉香药性辛温，具有补气除燥、暖肾养脾、顺气制逆、纳气助养等功效，且沉香被认为"盈而无伤"，即过量的沉香也不会对人体造成伤害，是一种具有极高保健、养生效用的香料。

中国古代对于沉香的使用起始于汉代，最初便受到了皇亲贵胄的追捧，在宋代以后得以大量、广泛的使用，到了现在资源已经十分匮乏，因此市场价格也很高昂。现代沉香主要的产区有：中国广东省、海南省，越南、柬埔寨、老挝、马来西亚、印度尼西亚等地。

2. 檀香

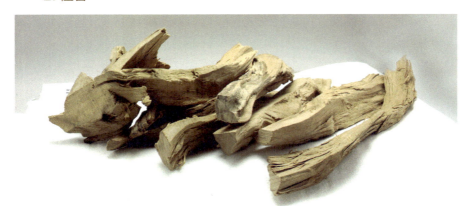

檀香

檀香取自檀香科檀香属树种，其根、干、枝、果实等都含有丰富的油脂，但以其木质心材部分的油脂最好，含油量也最高。

檀香树的生长十分缓慢，通常需要数十年的时间才能成材。同时，檀香树也是一种半寄生的植物，长有寄生根，可通过吸取寄主身上的营养而成长，同时其根部也可以在土壤中吸取一部分的营养。一般作为檀香树的寄生主的植物有：印度黄檀、凤凰树、红豆杉等。

檀香的香气相对浓烈，在药理上具有理气和胃、改善睡眠、安和心智的作用，同时也具有消炎杀菌的作用，历来为中外的医学家所重视。在合香中，同沉香一样，檀香也往往作为主香使用，檀香香气浓郁而不夺香，令人闻后可安神开窍。

目前檀香市场上使用的檀香种类一般以印度檀香、东加檀香、澳洲檀香三种为主，分别产自印度、印度尼西亚、澳大利亚，其中印度老山檀香因其香味柔和、甜蜜、浑厚而被认为是最佳的檀香品种。

3. 熏陆香

熏陆香也称为乳香，因其垂滴如乳头的形状而得名，当其熔塌在地上时，也被称为塌香，这两者只是称谓不同，其实指的是一种香。熏陆香因为其质地润泽，在佛经中也被称为"天泽香"。

乳香

《香录》中记载："熏陆香出产于大食国南面的数千里深山幽谷之中，其树大概与松树差不多。人们用斧子斫破树皮，使树脂溢出，凝结成香，聚积成块，用大象驮着，运到大食国。大食国用船将其云载到三佛齐国，用香交换其他货品。因此，这种香常常聚集在三佛齐国。三佛齐国每年用大船将其运到广州、泉州。广州、泉州的商船，视其香品多少，评定其价格、品质。"

乳香不仅在中国香文化中有着悠久的历史，在西方香史中也使用较早，在古代就被奉为珍品，广泛应用于宗教、养生、医疗、美容等方面。乳香的香味十分的典雅，焚烧时烟气较为明显，适合于塑造神圣的氛围，因此也被大量用于宗教的祭祀活动中。

现代熏陆香主要产于红海沿岸，包括索马里、埃塞俄比亚、也门、阿曼等国家。

4. 丁香

公丁香　　　　　　　　　　母丁香

丁香，也可称为鸡舌香，是丁子香树植物的花蕊。丁子香树多产于南洋热带岛屿地区，树体普遍高达 10 米以上，花蕾有黄色、紫色、粉红色等多种颜色，除去花蕊外，树干、树叶、树枝中也可提炼出丁香精油。

丁香有公母之分，"公丁香"个头小，香气浓，属于花蕊部分，"母丁香"个头大，香气较淡，属于果实部分。在古代，丁香可以被用于"香口"，古人将丁香含在口中，以此"芬芳口辞"，因此丁香才有别名"鸡舌香"。

丁香也是一味非常重要的药材，在药性上，它具有杀菌、镇痛、暖脾胃、温中等功效。

丁香最初的原产地是印度尼西亚，后来随着全球贸易，丁香树被传到世界各地进行培植和生产，现在主要的产量集中在非洲一些国家及加勒比海地区。

5. 龙脑香

龙脑香，也可被称为冰片、片脑、瑞脑等，是一种十分珍贵的香料。龙脑香主要取自于一种龙脑香属树种的树脂，这种树脂一般情况下是液体，干燥后可便成为了近似于白色的结晶体。这种晶体多形成于树干的裂缝之中，小的为细碎的颗粒，大的为薄片的形状，其中形状大而整齐、香气浓郁、无杂质的品质为最佳。古代便已经开始对龙脑香的品级进行划分了,将上品的龙脑称为"梅花脑"、"冰片脑";次一级的被称为"米脑";再次一级的被称为"苍脑"。龙脑树多生长于亚热带地区,外形类似于杉树,其树体十分粗大且树脂丰富。

龙脑香的香气浓郁且冰凉,闻之具有开窍醒神的作用,在医学上,龙脑香被归类为"芳香开窍"的药物,具有清热止痛,治疗疮疡、肿痛的功效。中医认为焚熏龙脑可以治疗头痛。

目前香料市场上所用的龙脑香多数产自于南亚的几个国家,其中产区也包括我国的云南、海南等省。

6. 龙涎香

龙涎香是一种特殊的香料,它来自海洋,是抹香鲸的分泌物。当抹香鲸吞食了头足纲动物(巨乌贼、章鱼等)时,其消化系统难以消化食物中坚硬、锐利的部分(如角质喙),在这些难以消化的残存物的刺激下,抹香鲸的肠道内形成分泌物将其包裹起来,并最终从鲸口中吐出,或随着鲸体死亡腐烂而露出。这些包裹着的分泌物在阳光、空气、海水长期的共同作用下最终形成一种蜡状的固体,这就是龙涎香。

龙涎香的发现和使用的时间很早,但是如何在自然界中被生产出来的,这是近代生物学的研究成果。古时,人们不知龙涎香是如何产生的,却总是从海中获得,加上它香味特殊,因此认为它是来自海中巨龙的口水,称其为"龙涎香"。

龙涎香香体一般为灰黑色、褐色、白褐色,其中越接近白色的品质越佳。在自然情况下,龙涎香一般是块状的。

龙涎香在刚刚被排出鲸体外时,有着一种浓重的腥臭味,在自然状态下慢慢变化,最后脱去了腥气,产生一种独特的香味。龙涎香的香味留存时间特别持久,点燃时的烟气也往往可以凝而不散,古人谓之"翠烟浮空,结而不散"。

在中国的香学文化中，龙涎香的出现相对比较晚，当时主要由渔民打鱼时偶尔获得，因为其数量稀少，品质独特，成为了十分稀罕的珍宝，在西方国家，龙涎香也备受推崇，被誉为"灰色的琥珀"。

7. 麝香

麝香是雄性麝属动物麝香腺中的分泌物，通常储存在麝香囊中。这种麝香囊一般位于雄性麝的肚脐后方，其中的麝香腺体分泌出香液在囊中经过数月的留存和熟化，最后形成一种颗粒状的发香体，称为"麝香仁"，其中品质突出者颗粒较大，表面光亮油滑。

麝香的香气浓郁，具备经久不衰的芳香感，在古代一直是合香中常见的配香。麝香在医学中也有着广泛的使用，对中枢神经系统、呼吸、脉搏、心跳、血压等生理反应有着很大的影响，在药性上具有活血、消肿、醒神等作用，对昏迷、癫痫、心绞痛等病症有着显著的疗效，因此在现代医学上有着广泛的使用。

中医认为"麝本多忌"，指的是麝香的使用有诸多的忌讳，应更多的作为一种药品来使用，同时过量的麝香对人体有明显的伤害。因此，在中国古代香文化中对麝香的使用有很多的顾忌。

目前国内能够产出麝香的麝一般主要生活在西藏、青海等地区，野生麝的数量稀少。目前科技已经可以人工合成麝香，因此一般药用为人工麝香。

8. 降真香

降真香来自豆科黄檀属植物的木质芯材部分，这种树一般直径很小，约30厘米左右，芯材呈红褐色，纹理十分细腻。

降真香是一种十分传统的香材，在中国南部地区多产，其香气干闻时稍显清淡，用火焚烧有浓烈的香气，香气中有淡淡的辛麻感，穿透力极强。

降真香具有止血、镇痛、消肿、生肌的疗效，因此在中医中也有着广泛的使用，是一种较为名贵的香药。

降真香

9. 安息香

安息香,是由安息香树分泌出的一种红棕色的树脂。这种树原产于中亚古安息国、龟兹国、漕国、阿拉伯半岛及伊朗高原,在唐宋时期被中国所引入,名称翻译为"安息香",一直沿用至今。

安息香的外观一般为球形颗粒压结成的团块,大小不等,外色为红棕色至灰棕色,嵌有黄白色及灰白色不透明的杏仁样颗粒。安息香香体表面粗糙不平坦,在常温下质地坚硬,一旦加热,随即软化。

安息香的香气芬芳,具有开窍清神,行气活血,止痛的功效。在医学上被用于治疗中风痰厥,气郁暴厥,中恶昏迷,心腹疼痛,产后血晕,小儿惊风等病症。目前,安息香一般有泰国与苏门答腊两种产区。

安息香的香气浓烈,同时具备令人开窍的作用,通过熏闻可治疗猝然昏厥,牙关紧闭等闭脱之证,其香气的浓烈程度仅次于麝香。

10. 苏合香

苏合香为金缕梅科植物苏合香树所分泌的树脂,一般呈半透明的浓稠膏油状,密度较大者,亦可沉于水。

苏合香的香气浓郁,同样是一种具备开窍作用的药材,具有开郁化痰,行气活血的作用。早在南北朝时期,中国便已引进苏合香作为一种合香的香药使用。其中记载有一种苏合香丸,其主香便是苏合香。

目前这种香料主要产地在土耳其、埃及、印度等地。

(三) 合香

合香是中国香学文化中独有的用香之法,它通过研究和感悟不同香料的药性、气味、形态,再将其以传统方式配比、融合,最终达成药性、气味、形态的和谐、统一。

1. 合香的历史

合香,也称为"和合香",它体现的是中国香学文化中,对用香的融合与追求。其最初的起源已经无处考证,应该说自从有香料的使用起,就有了最原始的合香诞生。一般来说,合香的起源与中医有着密切的联系,当人们对各个单品香料的作用有了深入的了解时,通过和合单品香料达到保健治病目的的做法便开始了。我们所知的,在南北朝时期,合香文化就已经达到了相当的规模,并且在医药和临床有了使用。

合香时使用的各类香料

首先是对香药性状理解的深入,随着文化的发展,人们对于香料的认知从外观、香气等感性认识上升到了其植物性、药性的理性认识,诸如《南方草木状》、《广志》、《异物志》等古典典籍中都出现了对于香的生物学、药理学的详细记述,并简单记载了其使用。

"枫香，树似白杨，叶圆而岐分，有脂而香，其子大如鸭卵，二月华发，乃着实，八、九月熟，曝干可烧。惟九真郡有之。"——《南方草木状》·嵇含

随着对香料认知的不断加深，关于各种单品香料在合香中的用法、利惠、忌讳等都有了详细的记述、说明。

《太平御览》："(甲香)可合众香烧之，皆使益芳，独烧则臭。"
《和香方序》："麝本多忌，过分必害。沉实易和，盈斤无伤。零藿虚燥，詹唐黏湿。甘松苏合、安息郁金、柰多和罗之属，并被珍于外国，无取于中土。又枣膏昏钝，甲煎浅俗，非唯无助于馨烈，乃当弥增于尤疾也。"

当这种知识逐渐形成为一种文化系统，就出现了香方，以及记录香方的各类典籍。香方的诞生，是中国香学文化和中医结合、并体系化的标志，它体现了中国古人对于自然的学习、认知及成果。香方是对合香内容、形式、作用的详细记载，其著作包括有：《陈氏香谱》、《天香传》、《香乘》、《杂香方》、《香方》等等。在传统的医学典籍，诸如《千金方》、《本草纲目》、《神农本草经》等典籍中也常有香方的记载。

合香发展至唐宋以后，在用香中对于单品香的使用已经越来越少，各种形式的和合香料成为用香中使用最多的方式，而合香也成为中国古典香文化中最为重要的内容。

合香文化的发展在近代受到了古典香文化传承链断裂以及化学合成香料的冲击，因此，在当今社会用香体系中，对传统合香的认识十分的浅薄，这也是直接导致中国古典香文化势弱的主要原因。

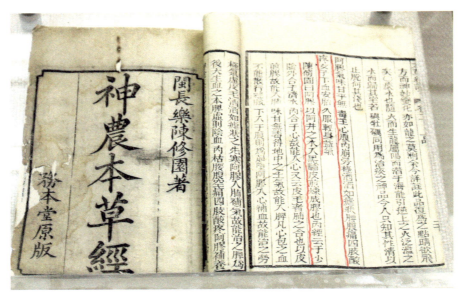

《神农本草经》中记载有大量香方

2. 合香的学习

明代文人屠龙对合香有如此的描述:"和香者,和其性也;品香,品自性也。自性立则命安,性命和则慧生,智慧生则九衢尘里任逍遥。"

这段话对合香的内容有了经典的描述。

合香需要用香者充分了解所用香品的"性",以"性"相合,追求的是一种"和"的境界。这里的"性"和"和"都是源自中国传统文化的一种独特内涵,它代表了任何一种自然事物所具有的"个性"和"共性",用香者通过对不同香料的"个性"进行融合,以达到一种共通的"共性",这种"共性"是和谐的、圆融的,可以让闻香者在品味的时候,品到自己身上的"性",以此而产生智慧、自在和自然。

合香的这种作用和中国文人用香的内涵十分契合,并能以此展现出香的意境之美,由此合香对于用香者的香学造诣和思想境界有着很高的要求。

我们在学习使用合香时,除了提升自己对于各种香料的了解和领悟外,还需提高对中国传统文化和哲学的学习。个人丰富的人生经历对于其合香能力也颇有裨益。

3. 合香的基本方法

要使得各种不同的香料到达物理上最充分的融合，就需要将各种香打成细粉，再充分的融合到一起。所以合香是一个调和香粉的过程，如果需要将合好后的香粉制成线香、香丸、盘香等，就需要在调和香粉过程中加入天然的植物黏粉（一般现代手工合香多用榆树皮粉）和水，制成香泥后再出香阴干。

合香中常用于细碾香粉的器具——香碾

古代合香多依照香方而和，现代手法中有合香的"君、臣、佐、辅"之说，这是源自中医药方的一种制法，在合香中，确定一味香料为"君"，"君香"所占的比例最高，气味最为明显，表达出最为重要的功效和内涵，"臣、佐、辅"各自按比例配合，突出、辅助"君香"的作用，表达次要的功效和内涵。另外，还可备有一种香作为"香引"，香引的香气较淡，也不宜单独使用，但香引可以提升香气的感受，令主香的香气更加富有意蕴。

合香是中国古典香学文化的精髓，也是国学文化中的经典，虽然因为一些原因造成当今社会对于这种文化认知的缺失，但在国学文化复兴的今天，合香需要用香者更多的揣摩和研究，传承和创新，以推动其发展、壮大。

二、香事

当香烟升起，带起的是一种芬芳的文化，这种文化在历史的漫漫长河中几经沉浮，波澜迭起，当最终香气飘散，留存下来的是淡淡的香氛和记忆，以及记忆中那些经久不衰的韵味。

香事就是人们对香的使用方式，它融合了生活用香中的各个方面，由此也讲述着香中的种种故事。

香，在它起源时期被作为祭祀礼仪而使用时，它的另一种用法也悄悄地诞生，并随着人们对香料的了解和利用能力的提升而不断地发展、壮大，这就是生活用香。在生活用香中，人们最初将香用于熏室、香身、佩戴、驱虫、祛秽、沐浴、饮食等日常的生活活动，随着香料的不断开发和种类的丰富，加之对香料药性的研究，用香的目的也逐渐多样化，与之相适应的用香方法也不断地丰富起来：入药、入茶、入酒、入墨、入扇等等。本章中主要介绍的是在诸多的古典香事中，一直保留下来，并发展到现在，在中国的香学文化能够寻找到依归，以纯粹用香为主题的几种形式。

（一）隔火熏香

隔火熏香法，顾名思义，是一种通过导热媒介隔开火源，再通过热量传导使香料发香的方式。隔火熏香一般针对的是油脂型的香料，其中以沉香和檀香为主。沉、檀的香气通过热源热量的传导，其中的发香油脂缓缓散发出清雅的幽香。这种古朴的熏香方法自唐代时便已开始使用，属于一种古法熏香。

隔火熏香的用法：

燃炭

理灰

埋炭

压灰

扫灰

开孔

放云母

入香

隔火熏香的过程是一种缓慢而富有禅意的过程，在熏香过程中，香味似有似无的飘出，舒缓而柔和，品香者不用感受明火带来的灼刺感，并能很细腻地感受到这一熏香过程中的细微变化。因此隔火空熏这种优雅、细腻的品香方式盛行于热衷优雅生活的宋代，被上流文人、士大夫阶级所推崇、喜爱。

在日式香道中，主要的品香手段也是隔火熏香。日式香道的隔火熏香是唐代时传入日本的，并由此带起了日本贵族中"香会雅集"、"斗香"的风潮。日式隔火空熏对品香的仪式内容特别重视，对所用的香器具、品香的步骤、制香的手法等都有着严格的规范。日式香道文化虽然起源自中国唐代的部分香礼，但是随着世代的传承，这种文化和日本本土"和式"文化融合，到现在已经成为了一种独特的文化现象。

（二）印香（篆香）

"闲坐烧印香，满户松柏气。"——《香印》唐·王建

诗中所描绘的"印香"，是一种古典的用香法。在香印拓中填充香粉，使香粉形成一种图案和文字的形状，用火点燃其中的一端，香粉随着形状缓缓燃烧，继而散发香味，这种用香之法被称为印香法。古时

香篆

所使用的香印拓子多为篆体字印，因而这种用香法也常被称为篆香法。

"篆香烧尽，日影下帘钩。"——《满庭芳》宋·李清照

篆香在古代是一种常见的用香法，其主要作用是对室内的驱虫和计时。同时，篆香也是闲坐品香的一种方式，香粉在香器中回环萦绕，徐徐展开，在散发出幽香后，香灰最后成为一个工整的篆体文字，篆香这种对香粉优雅演绎，使得用香成为一种优雅的艺术形式。

宋代《宣州石刻》记载："熙宁癸丑岁，时莅次梅溪，始作百刻香印以准昏晓，又增置午夜香刻。"

篆香因其具有计时之功效，因此也被称为"百刻香"。

同隔火熏香一样，这种用香方式起源在唐代起源，在宋代盛行，一直流传至今。

篆香法的一般步骤：

理灰

压灰

入篆

入香

提篆

燃香

（三）线香

线香分为卧香和立香两种，起源于宋代。将香料打碎成粉状，并在其中加入天然的植物性黏粉，加入水调和成香泥，再将香泥制作成线状后阴干，成品便是卧香，如果在线香中加入竹签，使其阴干后硬度更大，便是立香，也称竹香。古时制成长度不同的线香，用于祭祀、礼佛，也可用于计时。一般线香中，卧香多采用名贵的香料制作，用于生活熏香，而立香所用香料稍次，用于祭祀中的燃烧。

由于线香便于携带，使用方便，在用香中十分普及，点燃线香时，缓缓燃烧，香气袅袅，其使用颇具意境。在制香工艺越来越发达的今天，线香成为了香生活中的主要用香方式。

"壮志消沈，喜入清闲运。常安分，炷烟飘尽，更拨馀香烬。"——《点绛唇》·曹勋

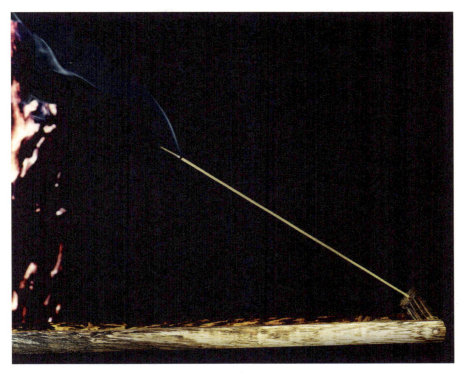

线香

(四)盘香

盘香

盘香的制作工艺与线香相似，不同于线香将香泥做成直线状，盘香在制作时，通常会先将香泥做成长线香后再弯成螺旋盘绕的环状，存放一段时间，定型后再待完全阴干。制作盘香时所用的香泥，在其调制的过程中，所用的黏粉比例要高于制作线香时所用。盘香的制式不仅可以大大提高盘香的燃烧发香时间，也使得携带和使用更加的方便。

古代对于盘香的使用方式和篆香相似，起源自唐代而风行于宋朝。前人用香时，也常将盘香悬吊空中，悬垂如塔状。

"耿耿残灯夜未央，负墙闲对篆盘香。"——《夜坐》·陆游

（五）塔香

塔香

锥香

塔香，因其造型如锥，也可称为锥香，或宝塔香，其制作方法和线香、盘香相似，首先须调制香泥，香泥由香粉和黏粉调和，再制成塔状，阴干固定。塔香的使用一般是放置于大型的香炉器具中点燃焚烧，塔香在燃烧时不仅可以散发出浓郁的香气，同时还具有很强的散烟效果，能创造出一种烟雾缭绕的焚香氛围，在古时往往于集会时在庭院、殿堂等大型场所熏用，现在一般是在大型的典礼和香会上使用。

使用塔香时，不同于线香和盘香需要底部放灰助燃，塔香可以直接置放于香炉底部燃烧，在青瓷炉、铜炉中都可以使用。

（六）瀑布香

瀑布香也称为"倒流香"。在制作塔香之时，将做好的圆锥形香型底部钻出一个圆孔，使得香的整体形状成为一个空心的圆锥体，再将其阴干。我们称这种香形为瀑布香，在瀑布香燃烧时，其香的烟气会汇入空心的圆锥内部，形成倒流，如将瀑布香放置于高处，其香烟会像瀑布一般徐徐流下，形成一种水过山川般的自然美感，由此而得名为瀑布香。

倒流香

香可以有多种的表现形式，用香者可以根据所要表现的用香目的的不同而选用不同的表现模式或表现组合，以此融汇、创造出一种包含了嗅觉、视觉、听觉在内的多重用香艺术。

三、香礼

前文中说到，在中国香学文化的基因深处，包含了早期人们在祭祀中对于礼仪的崇拜和敬畏，这种基因在香学文化发展的各个历史阶段中，结合了各种文化内容，形成了包括皇室贵胄、僧人道士、文人雅士、平民百姓在内的各个社会阶层的用香礼仪。

（一）古代的用香礼仪

中国古典香文化中的用香礼仪，是在用香的同时体现出一种个人的礼节和群体的仪式。对于用香者而言，如果在用香时没有规范的礼节和仪式，则用香的方式错误，用香的目的便无法达到。因此，古人的用香，往往是重礼不重香的。

1. 贵族香礼——尊重

贵族的用香礼仪包括了公开的祭祀和日常的香礼。在祭祀香礼中，从祭天到祭祖到日常的各种祭礼，其分门别类十分细致，并且都有其相应的仪式，虽然仪式根据文化、阶层、时代的不同有所区别，但是无一例外的，香在其中都包含了美好及媒介两层含义，且各种礼节中都能明显体现出用香者对香、对祭祀对象的尊重。

在贵族阶层日常的香礼中，包括了对环境用香（如熏香、焚香）；对人用香（如赠香、赐香）；对己用香（如熏衣、沐香）的三个方面，其中所包含的各种礼节也多有不同，但归根结底，这些用香体现的都是用香者对当前的人与景的尊重。

2. 佛教香礼——虔诚

佛教的用香目的是供养佛、法、僧三宝，而其中的礼节，体现的是用香者在供养的过程中虔诚的内心。

佛教的香礼包括有上小枝沉、檀香；上线香；上环香；熏香以及煨桑。

在上沉、檀香时，以两手拇指、食指各捏住香的两头，中指、无名指、小指张开、伸直，高举齐眉，前后放入香炉；第一根用左手拈起，右手接过送入；第二、第三为右手拈起，左手送入。同时心中会念有佛号，并做观想。

紫砂小僧弥熏香炉

在上线香时，先点燃三支香，再用双手中、食指夹住香杆，双大拇指顶住香杆尾部，然后将香安置胸前，香头平对佛菩萨圣像，再举香齐眉，再放于胸前，最后右手持香，左手一一分插，先插中间，默念供养佛，再插右边,默念供养法,再插左边,默念供养僧,是为三宝香。

佛教中有多种上香礼仪,也有熏香法会,通过这些礼仪、仪式,体现出的是对于佛教虔诚的信念。

3. 文人香礼——自省

在前文中也有提到,在中国古典香文化中,文人雅士往往通过用香达到内省于心的作用,而此时,用香的礼节成为了自省的关键因素。

> 感格鬼神、清净心身、能除污秽、能觉睡眠、静中成友、尘里偷闲、多而不厌、寡而为足、久藏不朽、常用无障———《香十德》·黄庭坚

在香十德中，表现了用香的诸多作用，其中很多作用必须体现在精神上，而精神上的作用往往需要借助于文化来体现，在这种由物质感受上升到精神感受的过程中，通过礼仪的表达是尤其重要的。礼仪所带来的仪式感、庄重感、参与感以及视觉感受都可以加强个体精神上的理解，以此强化用香在精神上的作用。这种精神作用通过文人们在用香礼仪过程中的不断强化，最终达到境界的提升。这种自省式的效果也契合了孔子"以香养性"的思想。

（二）现代的用香礼仪

在现代社会，中国传统的用香文化是一种非常小众的文化，虽然随着国人对国学、对传统的不断重视，得到一定的复兴，但在香生活、香礼仪方面，依然是知之者甚少。

1. 现代人用香的几种礼仪

多数现代人用香的方式主要是：香水、化妆用香、化学熏香、食用香料、礼佛等。而其中多数的形式并非传统香学文化的内涵，目前在小范围内，有一些以传统的用香内涵为主的几种方式，我们也可称为中国现代香文化的几种礼仪。

（1）香道活动

"香道"是一个内容包含十分广泛的词，在中国，"道"表达的是任何哲学范围中最高的一个境界，它是我们孜孜不倦追求的真理，是任何一个学派在最终要证明的内容。而"香道"是香所包含的真理，它包括我们通过香可以领悟的一切，包括香的起点和终点。因此香道在任何形式和内容上，都是无法以文字解释的。

而我们现在所说的香道，其定义如下："通过眼观、手触、鼻嗅等品香形式对香料进行全身心的鉴赏和感悟，在表演性的程序中，坚守令人愉悦的规矩和秩序，使我们在那种久违的仪式感中追慕前贤，感悟今天，享受友情，珍爱生命，与大自然融于美妙无比的清静之中。"

由于中国香道礼仪的断层和缺失，在如今香学文化的体系中，有时我们所说的香道活动主要特指的是日本香道。

日本香道在唐代由中国传入日本，其表现和内涵在历史中不断地沉淀和演变，形成如今日本香道的表现形式。其对礼仪、仪轨的重视和对用香方式的精准体现了日本文化的严谨。

（2）香席活动

简单的香席布置

现代的香席活动起源自宋代的文人用香，是一种精神大于形式的品香活动，由香主召集爱香之雅士，共同品香论学、论道的一种活动，旨在通过香席这一活动，净化心灵，消除烦恼。在现代人的香生活中，以文化雅集的方式组织品香活动，我们都可以称其为香席活动。

香席的礼仪是文人的礼仪，它没有固定的表达方式，但香席礼仪需要体现出文人通过用香达到身心洁净，以及香所能带来的精神力量。所以，这种仪式是清高的，它对参加香席的人有着严格的要求。

（3）香艺表演

香艺表演是一种表演方式，这种表演以中国传统文化的用香礼仪为核心，通过布景、动作编排、音乐等方式体现出用香的美感和艺术。表现的主题一般以文人用香、贵族用香、宗教用香等香文化内容为主，是一种对礼仪进行表演的艺术。

香艺表演

（4）其他香礼

中国的传统文化是一个融合的整体，香的礼仪可以体现在其中的方方面面。在现代的国学文化传播中，香礼仪通过结合古琴文化、花道文化、茶道文化、宗教文化等内容，以不同的组合形式融入日常的生活细节。

2. 现代香礼的特点

现代的用香礼仪本质上是一种对传统文化的传承，虽然其表现方式随着时代的变迁肯定会出现变化，但是其内涵本质是不变的。它表现了中国古代用香者对于香的尊重；对用香目的的虔诚以及以香达到自省的精神作用。

但是现代人在对香礼的重视程度依然不够，由于实用主义的盛行，而导致对礼节的忽视，了解了用香的目的，而忽略了用香的礼仪，由于对于用香礼仪的忽视，也就自然忽视了用香的精神作用。

在学习香礼的过程中，我们要学习这种仪式感、庄重感，这种在香文化从胎儿时期就存在的本质。

四、香器具

香器具是用香艺术的一种体现，用香者通过对香器具的使用，可以起到服务用香主题，达成用香目的，增强用香气氛，表达用香意境等诸多作用。而香器具本身，同样不失为一件精美的艺术品。

（一）香器具概述

"枕臂卧南窗。铜炉柏子香。"——《菩萨蛮》

在古典香文化中，提起香炉，必会提到香，有时甚至不必提起香，自会有香炉的形象浮现脑中，与其说这是香器具在香文化中成为了香的视觉影射，倒不如说这是炉中有香，香中有炉的共通境界。

香器具，指的是在各种用香的过程中，所用到的工具，包括了各类器皿和用具（严格来讲，香器与香具在含义上略有不同，香器更偏向于容纳香的作用，香具更偏向于对香的指向性作用）。

用香之器具

香器具是在前人在用香的过程中不断地研发、制造出来的，它最初的作用只是服务于用香的各种方法和礼仪，随着生产技艺和制作能力不断的发展、提高，人们开始赋予香器具以独特的艺术魅力，而这种香器具的艺术与用香的艺术交汇、融合，成为中国古典香文化的重要组成部分。

（二）古典香器具

在距今约四五千年前的中原文化中（黄河、长江流域），诞生了第一批用于祭祀的陶制熏炉，这是香器具第一次出现在中华文明中，熏炉也成为了最早的器具类型。

陶熏炉

到了战国时期，人们开始使用青铜来制造熏炉，青铜的重量更重，更为坚硬，也更能体现出用香仪式的厚重感。而在这种青铜制熏炉的制作和改良中，诞生了第一个被赋予人文气息的香器具——博山炉

"博山炉中沉香火，双烟一气凌紫霞。"——《杨叛儿》·李白

陶制博山炉

相传博山炉的制式模拟的是蓬莱仙境的海外仙山,其炉盖高耸如山,其间饰有灵兽、仙人,镂有隐秘的空洞以散烟气,当炉内香烟燃起时,炉盖处升起的缭绕白烟,如同是云雾盘绕的海外仙山,仙气蒸腾,香气四溢,缥缈入境。博山炉表达了当时贵族阶级渴望借助修习香而得道成仙,获得长生的渴望。

铜质博山炉

工艺出众的古代熏炉

鬲式炉

到了汉代，人们已经可以使用铜制造出博山炉、鼎式炉、豆式炉等多种熏炉，随着贵族用香之风的盛行，还出现了用于熏衣的竹熏罩，并在熏炉的外壳上作出镶嵌和鎏金的工艺。

贵族阶层对于香和奢侈生活的渴望，发展出各种不同的用香方式，并产生了与之相应的各种香器具。到了隋唐时期，熏炉的制式变得十分丰富，并出现了许多佛教风格的熏炉，而香器具的材质更是丰富：木质、青瓷、白瓷、彩瓷、釉上彩、纹瓷、金、银、铜、鎏金等。香器具的工艺也得到了快速发展，其中包括：切削、抛光、焊接、铆、镀、刻凿等工艺。丰富的材质和工艺，加上丰富的制式，使用香器具逐渐发展成为一种艺术工艺品。

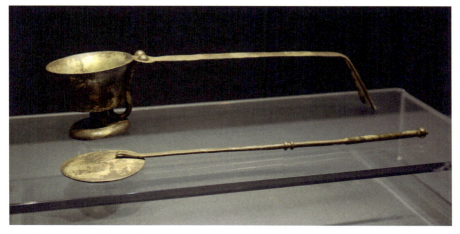

香斗：唐代贵族用来熨烫衣物，同时可以令香气熏入衣物中的香器具

熏香球：一种可以存放香料，并悬挂于室内，马车内，身上的精美香器具

到了宋代，香器具开始向着雅致的方向发展，随着隔火熏香、印香、线香等用香形式的盛行，各种细腻的、精巧的香器具由此诞生。在香炉的造型方面，变得更加的丰富各异：高足杯炉、折沿炉、筒式炉、竹节炉、弦纹炉、鬲式炉等等。香炉的制作开始仿制各类动植物和传统瑞兽：莲花炉、麒麟炉、鸭炉等等。在材质上，由于制瓷工艺的发展，瓷炉开始出现，赋予了香器具一种独特的清雅艺术感。

宋代开始制作出瓷质的香炉

"铜鸭香生风嫋嫋,竹鸡声断雨丝丝。"——《岁暮遣兴》·陆游

在唐宋时期文人诗词中常常出现的香鸭,指的就是仿鸭形制的一种熏炉

到了明代，铜炉的制作技艺发展日臻成熟，宣德炉的出现标志着香炉制作工艺达到了顶峰。明代宣德炉制作于宣德年间，最初的一批炉子是专供皇宫使用的，后来，制作宣德炉的工匠们在民间又做了一批，成为民间仅有的一批宣德炉。后来历朝历代不停有工匠仿制宣德炉，但是因为工艺和材质的不同，仿制的宣德炉难以完美的达到宣德时的水准，因此，宣德年间的这两批炉子是历史上唯一的大明宣德炉，而其余的只能是后世仿制。

明清时期的香器具除了铜炉的发展外，还诞生出许多精致的香器具，并且出现了成套的设计的器具类型，如：香道七君子、炉瓶三事等。成套制作使用的器具将用香的方式更加的细致化，体现出用香的文明，也体现了香器具工艺、设计上的整体感。到了清代，随着掐丝珐琅工艺的兴起，还出现了珐琅制的香器具。

宣德炉

珐琅制熏香炉

香道七君子是在隔火熏香时使用的，它将隔火熏香的每一个步骤细致化，并辅以工具，体现了用香艺术的精致

《红楼梦》第五三回："这里贾母花厅上摆了十来席酒，每席旁边设一几，几上设炉瓶三事，焚着御赐百合宫香。"

炉瓶三事是在用香时，香炉、香瓶、香盒三者的总称，它在贵族阶级和民间的普及是用香文化的普及，同样也是精致的用香艺术的展现

（三）佛教的行香器具

佛教的行香是一种常见的佛教仪轨，最初由香僧人或主斋人负责执炉，带领众僧绕佛，然后燃香熏手、执炉分香、香末散行。

这种佛教用香之礼起源自唐代，也被称作传香，应用与佛教供养、说法、礼佛等活动中。其中使用的香器具均为特制的类型。

行炉

香宝子

净瓶

（四）现代香器具

香器具文化发展至今，随着用香文化的没落，香器具的发展也有颓然之感，科技的进步并不代表所有的技艺都得到了传承和发展，一些铜制、瓷制的香器具无论从工艺、材质上，都无法和过去的经典相比。现代香器具在仿制古型的同时，也有开发出一些使用更加方便，成本更低，更利于普及用香的器具。在香文化的复兴过程中，用香者对于古典香器具的学习、研究，开展用香为目的的新式器具的研制和开发，是当前用香发展的重要内容。

拈花佛手香插

香席设计是用香艺术和美学的平面展现，在现代用香生活中，香席活动也是最能够以现代人的生活方式表现出中国古典用香之精神内涵的用香内容，它包含了环境、香、人三大元素的合一，追求的是古典香文化中以香入道的精神境界。

第三章　香席设计

一、香席设计概述

香席

香席是一种重视品香者心灵和情感关怀的活动。在香席的整个过程中，用香者经过用香内容之学习、感悟与修持后，将其升华为一场心灵的盛宴，继而发展成一种美感生活。所以香席既不是简单的为了改善气味的薰香，也不是与宗教相关的焚香，更不是为追求奢侈、精致生活的贵族用香。香席所带有的独有的特征——一种精神上的内省，让它更适合于古代的文人雅士，以及有志之士日常的熏陶和学习。

（一）香席的概念

席，本义指草席、苇席，通常指用草或苇子编制而成的事物，古人常将其平铺于地上，用以坐、卧，因而有"席地而坐"一说。再以其编制所采用的材质不同，分有草席、竹席、苇席等。

"席"字也具有代表座位的用法，且当"席"被用以代表"座位"时，

通常含有邀请和尊重的含义，如宴席、酒席、出席、列席等

"设之曰筵，坐之曰席。"——《礼记·祭统》

"席"在这一层意义上，再加以引申，于是具备了"承载"的涵义。这种"承载"，不仅代表承载人、物等有形的存在，同时还代表承载了道德、精神、状态等无形的内容。古人常言君子"割席断交"，不仅仅是切割所坐的席子那么简单，同时也代表了两个人在道德观、价值观上的破裂。

"管宁、华歆共园中锄菜。见地有片金，管挥锄与瓦石不异，华捉而掷去之。又尝同席读书，有乘轩冕过门者，宁读书如故，歆废书出观。宁割席分坐，曰：'子非吾友也。'"——《世说新语·德行》

"席"在这一层的意义上道出了"香席"的内在实质——香席是对于香的承载，这种承载包含了香在各个层面的表现内容以及通过品香而达到的精神升华。因此，香是香席的灵魂，香席的作用是通过释放香的灵魂而感染人心。

香席作为香具的承载

（二）香席的作用

在现代的用香生活中，香席的主要作用有：第一，通过香席展现香学文化；第二，通过香席传达思想；第三，通过香席让品香者得到灵魂的升华。

香席活动的这些作用在现代人忙碌、高强度、大压力的日常生活中，体现出日益重要的价值。

首先，通过香席过程中品香的引导，可以使人心情平静。在古时，用香房间往往被称为"静室"，将品香活动称为"习静"，这代表了品香活动确实有安抚浮躁内心的作用，而这在当代急功近利的社会环境中，是一种十分可贵的价值。

在心性得到安静之后，我们可以在香席活动中互相研习学问、探讨心性，进行有志者之间的交流与品评。这一过程被称为"坐香"，香席的参与者在"坐香"之中，产生相互之间心灵、精神、智慧的碰撞，从而体会到更深的感悟和平静带来的喜悦。

最后，香席具有达成个体表达的作用。因为香席所最终追求的就是心灵境界的展示，这一过程被称为"课香"。一般来说，课香是通过书法来展示心灵的，当参与者感受了"品香"、"坐香"之后，将会产生新的灵感，新的创造，将这些灵感和创造通过文字表达出来，此时需要品香者书写"香笺"，以此表达心灵的境界和内容。

无论是用香者还是品香者，当经过香席的洗礼后，能够感受到一种前所未有的平静及由此产生的心灵喜悦，随之而来的，还有个体感知能力的提升，心灵境界的提高。

（三）香席设计的重要性

香料的自然属性与生俱来，由自然造物所赋予；文化的主体是人，来自人的思想和行为。以中国香学历史千年的积累，通过人赋予香各种

香席的过程是一个"习静"、"坐香"、"课香"的过程

不同的内涵和外延,形成了蔚为大观的香学文化。

香席属于用香的文化,其创造者是人。香学文化的展现,香学美感的展现,用香精神内涵的传达,都需要借助于人的思想和行为,即用香者对香席的设计。唯有通过香席设计,通过人文思想对香自然属性的转化,才能完成香在特定空间的文化展示,传达出海量的信息,这就是香席设计的重要性和必要性。

(四)香席设计的应用

在中国古典香文化中,香席设计通常应用于文人雅士、达官贵人等上流阶级举行雅集、宴会、游乐等活动,它通过用香提升活动的文化品位,就参与者而言,它也是一种促进交流、提高审美的良好手段。在现代人的香生活中,香席的应用将会更加的广泛。

首先,它可以成为个人的私密行为,满足于个人独处时的文化生活,通过设计香席,继而品香达到每日自省、自我提升的作用。因此,香席的设计也可应用到个人的办公室、家庭中。

同时，香席活动也可以成为一种良好的文化社交活动，通过香席所具备的独特属性可以吸引、结交志同道合的人士，以香为交流媒介，能使得交流更加的融洽、平和。因此香席的设计可以运用到各种社交场合上，如宴会、商会、茶会、酒会等等。

香席的设计还是一种可以提高集会的文化品位、提升场所的古典内涵的有效手段，通过香席的设计、展示，可以充分展现出香文化的独特魅力，提升环境中的古典美学感染力。因此香席的设计可应用到舞台、展会、庭院等大型环境中。

二、香席的组成内容

香席的内容包含了香的实体内容和文化内容，它能将诸多的香学元素融合成一个整体，散发出古典、精致、传统、艺术的美学光芒。

（一）香品

香品可以说是香席的灵魂所在，或者说，香席的目的就是为了表现出香品的美好。但在香席的整体中，我们通常只能以气味来感知香，由于香的可视性很弱，在香席中通常是隐匿的存在。香席中最为突出展现在我们面前的一般是香器具、席垫之类的可视性较强的内容，这就好比是人的灵魂，我们虽然难以触摸，却能在深入接触后感知，而灵魂恰恰是最核心的所在。因此，香能成为整个香席构成的核心和线索。

沉香香品

（二）香器具

香器具及其组合是组成香席的骨肉，成套的、精美的香器具是香席实用性和艺术性的展现。

香席的核心是用香，各种不同的用香方式需要各种不同的器具进行匹配，从而体现出精美用香和文化仪式，这就是香席中香器具的实用性。

同时，香席的设计者需要通过香席传达出各种不同的主题和美感，这需要视觉感较强的器物。香器具具备了历史、文化的背景，可以成为香席设计者手中的良好素材，帮助香席设计者展现出香席的不同内涵，这就是香席中香器具的艺术性。

当然，香席的设计者们需要对各类香器具的历史、文化背景、质地、造型、色彩、体积、内涵等多个方面都有着较强的把控。

在香席设计中，香器具的作用类似于建筑中的建材，它为香席组成了结构、填充了内容，奠定了基础。

各类用香器皿

（三）席垫

席垫，香席整体或局部物件下方摆放的铺垫体。在"香席"一词的深层蕴意中，席是香席内容和精神的承载。在香席设计中，它是各种香席摆放物的载体。席垫的作用在于它不仅可以避免香品、器具和其他香席配饰物直接接触桌面，保持香席整体的整洁提供视觉上的过渡。同时，各种不同类型的席垫也可以参与设计的主题，带来不同的美感及内涵。

席垫的质地、内容、设计是丰富多彩的。由此带来的视觉感，主题感也是多种多样。古典香席中，通常使用的是竹席、纸制品等简单而古朴的席垫，随着现代工艺的发展，席垫的种类和选择也越来越丰富，色彩元素也越来越多样。这使得设计者的选择和创作更加的自由，如布制、棉麻、绸缎、瓷砖甚至于取材自然的石头、树叶等等都可以作为席垫使用，还可以在席垫中加入各种图案和文字印刷。

在详细设计中，席垫为香席的核心主体建立了一个范围。在视觉中，它处于香席的中心，但却并非香席的核心，它好比是一个优秀的配角，出众而低调，引领人们将更多的注意力放到主角身上。

（四）植物

在香席中添加植物元素的主要作用有：

1. 增加香席中的自然元素，使其暗含古典香学文化中人文与自然和谐统一的精神。中国古典香学文化中的香料本身就是取材自然的天然香料，由于香席中可视性较强的元素多为器具、席垫、背景等人文内容，因此对香料自然性的最好象征莫过于在香席中点缀天然植物，使其真正在设计上达到人文和自然的统一。

2. 香席中添加植物，暗含古典香席中"闻香、插花"的文化活动。在前文中也提到，宋代文人的香席活动通常伴随着"品茶、插花、挂画"的活动，这些活动共同组成了文人雅士的文化生活。所以在现代香席的设计中，我们需要加入植物的元素来使得香席更加符合它本初时的内涵。

3. 不同的植物所代表的不同内涵有助于强调和突出香席的内涵和主

题。如梅花代表励志、莲花代表君子、松寓意刚正不阿、竹寓意坚忍不拔。

植物在香席设计中，有时作为一种独特的元素对香席的内容进行烘托、点缀；有时也被作为香席的必要内容来展现，它和香器具分别代表了香席中自然和人文的两个部分。植物可以说是香席中的催化剂，也可以说是香席中的骨肉部分，它可以出现在席垫之上的核心部分，也可以出现在背景环境中。

沉香雕件（蜗牛） 植物与香的结合，展现出一种动静相宜的美感

（五）环境

环境，即陈设香席的背景，也称为品香空间，是包括品香桌、座椅等在内的香席主体所处的环境空间。按照一般品香为5~8人的人数，香席环境大约是以香席主体为核心的周围15平方米左右的内容。

相对于席垫之上的香席主体内容，品香环境需要研究和设计的内容不需要香席主体那么精心和细致。环境是服务于品香的，它同样保证了精心设计的香席和其周围的一切不会显得格格不入。所以环境只需要满足于以下几点即可。

1. 安静而整洁

品香是一项细腻、优雅的文化活动,它需要充分调动人的嗅觉感知。同时,香席是一个静谧的过程,它给人带来思考和感悟。香席需要是安稳的、平静的发生,它所需要的环境也必须是安稳的、平静的,任何突兀的色彩和嘈杂的声音都会影响品香者的注意力,减弱香席的作用。有时,在香席空间中加入一些古琴曲作为背景音乐不仅不会使人分心,反而会起到静心的效果。

虽然有时用香者设计的香席并不一定会真正成为品香活动,但是只关注香席而忽略品香环境,是香席设计者对于香席内涵理解的偏颇。

2. 符合主题

用香环境的陈设需要符合香席的主题,否则会使香席在视觉上显得突兀,主题上也会有所背离。中国古典用香在不同的历史背景中有着不同的内容和形式,比如博山炉能展现出秦汉时期的贵族熏香文化,隔火空熏是宋代文人用香的主要方式,宣德炉标志着明朝用香器具发展到巅峰。当用香者对香席进行设计时,对应其所表达的文化内容,将香席布置于相对应的环境中,才能起到相得益彰的效果。

在环境的布置时,中式的古典氛围是一种百搭的效果,明清制式的家具、博古架、古典书籍、字画、瓷器、古琴、文玩等元素的烘托和点缀,可以对香席的主题展现起到独特的推动效果。有时,设计者也会使用自然风光为背景,表现香席追求自然的内涵,这也未尝不可。总之,香席设计包含了其与环境的协调——视觉上的协调和内涵上的协调。

(六)人物

香席人物指的是使用香席的香主和香客。由于香席设计重在香席的展现功能上,所以香主和香客在设计上并非必需出现,香主也并非一定要是香席设计者本人。不过，有时在香席的整体中搭配一个用香者，或者同时搭配一些品香者，可以提升香席的整体活力，使得香席不再是一种冷冰冰的陈设，而增添了一些人性。

对于香席中人物的选择也很重要，一般的香席设计通常选择典雅、妩媚、温婉的女子入席，搭配古典的传统服饰，符合香席细腻、精致的特点，有时也会选用气宇轩昂的男子，身着儒士、道士或者僧人的服饰来表现主题。

香席中的人物

三、香席的设计方式

根据香席设计者对用香美学和艺术的认知和感受的不同，香席有着多种设计方式，本文为读者提供在对香席进行设计时的一般思路。

（一）主题先行

首先确定香席的主题，主题是香席所要表达的内容。根据主题确定所用的香品及用香方式，继而使其成为表达的线索。比如香席要展现的是奢华的用香之风，设计者可以选用沉香为主的香品，根据沉香的特点，设计者可以设计出一场古典熏香的陈设，确定了熏香的形式，设计者可以选用秦汉熏香的风格，也可以是唐代熏香，然后以此作为整个香席设计的灵魂和线索慢慢推进。

（二）架设结构

在主题明确后，开始实施陈设：首先确定摆放的结构，可选择的结构有中心式和多元式两种。中心式以单个香学元素作为中心，以中心为香席的核心内容，再设计出围绕中心的其余元素。多元式是以多个香学元素整体示人，并没有一个明确的中心内容。我们还是以前文"奢华用香之风"设计为例子，最能突出"奢华的熏香之风"的，应该是汉、唐之博山炉，所以设计者可以选用中心式结构，在香席的中心陈设一个较为精致、显眼的鎏金博山炉，根据香器具的工艺，我们可以将香席的历史背景确定为唐代。

（三）填充骨肉

确定了结构后，再来一一的填充骨肉。前文提到，香席一般以香器具、植物等内容为核心骨肉。我们首先确认席垫，在慢慢布置上不同的器具和植物。继续前文的例子，设计者可以选用颜色较为靓丽的绸缎或者印花染布作为席垫，以鎏金博山炉作为核心，摆设上各类器具，呈香器皿、香盒、香夹、香球、香碾等，也可加入一些妖艳的鲜花植物，丰满香席的内容。

（四）烘托点缀

根据骨肉的内容再加入一些点缀，小香器、小花器都是不错的选择。在前文例子中，根据唐代用香的特点，在香器具的旁边放置精致的小手帕，珠钗等作为点缀，都可以很好地加强文化感。

（五）背景设置

在做完香席的主体后，选择适合的环境和背景，进行香席的陈设展示。在前文的例子中，设计者可选用唐代的宫廷氛围。有时，背景环境的选择和摆设可能成本太高，设计者在制作背景时可以不用十分考究，但一定要注意符合安静、整洁的要求。有时设计者可以采用一件或几件特殊的事物点缀环境，强化主题，如挂上一幅描绘唐代贵妃的宫廷画像，能起到很好的效果。

（六）人物设置

最后，设计者可以选择是否使用人物来做展示。在前文的例子中，设计者可以选用一个唐代服饰的女子，以增强气氛，加强感染力，强调香席的主题。

《南生鲁四乐图》

居士盘坐与荷叶之上，身后是包含了佛像、莲花、品香杯的香席设置，其整体便是一组香席的设计。

四、香席的设计技巧

香席的设计技巧需要设计者在日常的生活和学习中不断积累，包括设计者对用香美学、艺术的理解，对古典香学文化知识的掌握等。

（一）灵感

灵感往往是忽然迸发的，它源自于我们在日常生活中的积累。在香席设计中，为灵感提供积累的方式主要是日常生活的品香和对香器具的观察。

我们在品香活动中通过对香气的感受获得新的感知，能够加深对不同香料香气的感悟，这会促使我们寻求用更好、更美、更真的方式去表现香气。香气的美好会激励着我们以更加形象，可视化的途径去传达这种美好。长此以往，当我们处于一个需要香席设计的环境中时，我们可以瞬间将这些积累转化为真实的画面，迸发出用香的灵感。

同样的，为了这些灵感得以顺利的产生，我们还需要增加各种香文化素材的积累，其中最主要的内容是各类用香的器具，香器具通过它们不同的材质、器型、文化感和艺术感令香更加的形象、直观。我们通过观察香器具的美感，学习它们的使用方式，学习它们的文化背景，最终将帮助我们将灵感与画面转化为现实。

（二）传承

对古典香学文化的传承，也是香席设计的重要技巧。香席设计者可以借用传统的用香方式；传统的用香礼仪；传统的香品和器具来作为设计的主题。作为香席设计者，借用中国古典香学文化中的传统内容来填充、丰满香席，是一种行之有效，且不会破坏香席文化内核的设计方法。

这种对传统香学的传承需要香席的设计者们多在历史、古籍中获得素材，研读古代各个阶层人群的生活方式，并发现香在其中的线索，由此展开，铺陈出古代用香的盛景，再借以融入到自身的设计创作中，这种对文化的传承会自然地绽放出香席的美感来。

（三）创新

创新，是对传承的另一种理解。在历史中，香的文化本身就随着时代的变换而不断变化着方式，在不同的时代里，香的元素结合了时代的背景，展现出了不同的文化形式。融入时代的创新，是一种文化得以存活的根本。这体现到香席设计中，就是设计者如何结合现代的艺术和美学为香席增添新的活力。

创新的设计方式能体现香席的多样性，令用香活动更加符合现代人的思维和生活。须要小心的是，由于香所具有的古典特质，香席的设计不可过于现代，从而失去厚重感和神秘感。

香席空间

沉香是古典香学中最常用的合香材料；它是『沉、檀、龙、麝』四大名香之首；它是自然馈赠的珍惜资源；它是佛教中令法界蒙熏的圣物；它是中医里『盈而不伤』的纯阳之气；它有着优雅神秘的香气特征；它令无数皇室、贵胄趋之若鹜。如何展现使用沉香的美学与艺术，是现代用香者需要感受的中国古典香学文化之精要。

第四章　沉香艺美

一、沉香概述

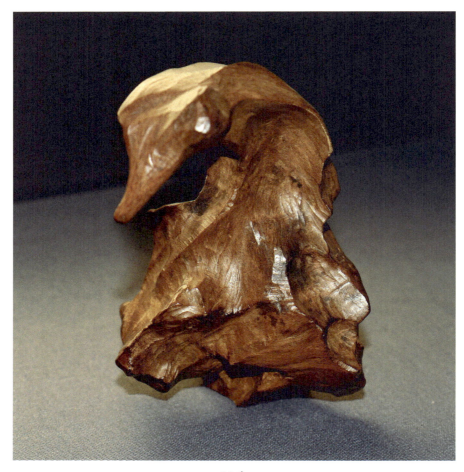

沉香

在本书的第一章中,笔者在"自然香料的表现美"一节中为用香者简要描绘了沉香外形的美感,以此帮助用香者通过香料的形态来展现用香的美感。对于沉香的使用,无论是古典的香文化体系,还是现代的用香生活,都是展现用香美学和艺术中的重要内容。沉香以其独特的形态、香气、韵味、内涵、气质、文化成为了诸多香料中独特的存在,而它"合而不伤,协调诸气"的作用,也使沉香成为了古典合香文化中的重要内容,被誉为"香中阁老"。

"既金坚而玉润,亦鹤骨而龙筋。惟膏液之内足,故把握而兼斤。"——《沉香山自赋》·苏轼

(一) 沉香形成的三要素

沉香的形成是一个复杂、奇妙的生物过程,它需要机缘的引导和时间的醇化,它包含了伤害、积累、祛除的过程。一般而言,沉香的结香需要三大要素。

1. 成熟的沉香树

沉香树是锦葵目树种,其中包含了瑞香科、大戟科、樟科、橄榄科

人工种植小沉香树苗

四科约十六个属的树种。一般而言,我们常说的沉香都属于瑞香科沉香属。其中分布在我国广东、海南等地区的称为牙香树,也称土沉香树;分布于越南、柬埔寨地区的称为蜜香树;分布于马来西亚、印度尼西亚地区的称为鹰木树。

一棵成熟的沉香树是沉香得以凝结成香的载体,只有具备了成熟的树脂腺的沉香树才能具备结香的条件,这一般要求一棵成长10年以上的沉香树。

沉香树是一种喜温而不耐寒的树种,要求平均气温在20～30摄氏度的生长环境,喜欢酸性的土壤和潮湿的气候,在气温低至零下时则无法生存。沉香树的木质是一种酥松易折的白木,因此也较为容易受到风沙的侵蚀和虫蚁的噬咬。

沉香树

2. 受伤

一棵发育成熟、健康的沉香树只是沉香结香的前提条件，它还需要一个结香的引导——受伤。当沉香树受到诸如刀斧、虫咬、风折、雷劈等各种伤害时，一旦这种伤害深达树体木质部，这种结香的引导就开始了。树体的伤口部分会逐渐地被细菌所侵害，从而造成一定面积的木质细胞感染，形成病害。本能的感受到感染的伤害后，沉香树的树脂会产生一系列的生物反应，形成一种膏状的物质包裹住受到病害的部位，这种油脂会侵入感染后的木质细胞内部及伤口周围的木质导管内，其作用是保护病害周围的健康细胞，阻止感染的继续扩散。

沉香树容易吸引虫蚁的噬咬，形成伤害

3. 醇化

在上一个阶段描述的过程中，沉香的醇化过程就已经开始了，它需要一定的时间，在这一时间内，树体内的膏状保护体会根据需要扩大其覆盖面积，增加浓度，以防御病害，阻止感染的扩散。最终这种膏状保护体醇化成为一种复杂的油脂型混合物，其中融合含有多种发香化合物，这种混合物称为沉香醇。我们将含有这种沉香醇的沉香木质成分称为沉香。

醇化的过程根据时间、受伤类型、气候条件、感染菌种等各种内外条件的不同会产生各种密度、成分比例不同的沉香醇，再加上结油的位置，伤口的大小等条件的影响，造成了不同产区、不同结香部位、不同结香时间中各种不同的奇妙、珍贵的沉香外形和香气。

结香

（二）沉香的历史

前文中，我们已经提到了沉香这种香料进入中国香学文化的时间，大约是在汉代汉武帝时期，由于版图的扩张和交通能力的发展，使得沉香这种主要集中在中国南部边陲地区的珍贵资源得以进入。另外，中国与西域贸易通道的打通，沉香也从西边中亚国家进入中国，这从另一个侧面说明，早在汉代以前，西域等国家已经开始使用沉香，并将其作为一种珍贵的贸易品。

沉香一进入中原文化，就开始被汉代的权贵们所追捧，成为一种带有异域风情的名香，《飞燕遗事》和《西京杂记》中多有记载赵飞燕酷爱熏沉香。随着中国古典香文化的发展，到了隋唐时期，沉香开始大量使用，并与佛教、道教有了紧密的结合，文化上的昌盛和多样性也为沉香奠定了尊贵、神秘、玄妙的文化形象。

"太宗问冯盎云：'卿宅去沉香远近？'对曰：'宅左右即出香树，然其生者无香，唯朽者始香矣。'"——《国史异纂》

到了宋代，沉香成为了文人雅士日常用香的宠儿，出现在各种品香活动、香会雅集之中。而沉香历经伤害与痛苦后，最终饱结香醇，沧桑其外，内敛其中的结香方式，赋予其一种厚积薄发的深意而被津津乐道。

"……蜜香、沉香、鸡骨香、黄熟香、栈香、青桂香、马蹄香、鸡舌香，此案八物，同出于一树。……木心与节坚者黑，沉水者，为沉香；与水面平者，为鸡骨香；其根，为黄熟香；其干，为栈香；细枝紧实未烂者，为青桂香；其根节轻而大者，为马蹄香；其花不香，成实乃香；为鸡舌香。……"——《南方草木状》

从《南方草木状》的这段文字中，我们可以看到古人对沉香的形成，很早便有了理性的认知，并且针对其不同的结香状况给予其不同的命名。

对于沉香的使用，在明代以前，多数是产自边陲（今广东、海南一带）、交趾（今广西、越南一带）的沉香。在明代海上丝绸之路打通后，来自南洋诸国的沉香资源进入中国，极大地丰富了沉香的储量，并延伸出多元的沉香文化，进而推动了民间沉香的普及和贸易的发展。

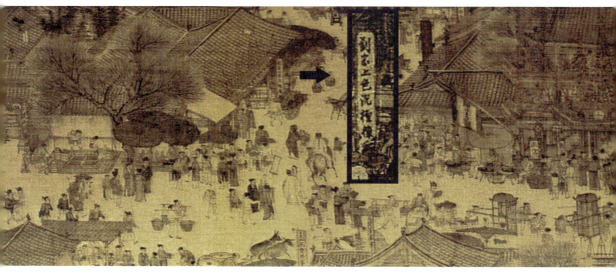

《清明上河图》中描绘的写有"刘家上色沉檀拣香"的沉香铺子

（三）沉香收藏市场

沉香作为一种珍贵的稀缺资源，在中国古典香学文化中，它是为数不多的既能作为香品使用，又可作为文化收藏品的内容。对于沉香的收藏古来有之，但相对于全民收藏的今天，古时的沉香收藏只是集中在少数权贵的手中。随着近代国学、香学文化的复兴，人们对于沉香文化的了解，对于沉香稀缺性的认知，使目前沉香成为了收藏市场的宠儿，同样也是今人们优雅香生活的重要部分。

近年来，沉香价格飙升，千金难求的消息不断的见诸各类新闻报道，笔者认为，沉香市场的火爆，对于沉香的文化发展有着一定的推动作用：它能唤起人们对于沉香资源的保护和珍惜，同时也能以此来推进香学文化的普及。但是，从另一个方面，沉香市场的繁荣也会导致人们过于关注沉香的市场价值，而忽略了沉香给香学文化带来的深度，以及如何令沉香更加优雅、更加富于美感地散发出芳香。

二、沉香养生

对用香者而言，以香道养生的角度来表现用香的艺术和美感是一个比较切合实际，迎合关注点，且被各个阶层所广泛接受的方式。由此用香者需了解沉香所具备的养生功效，在用香的主题中展现出来，体现沉香各个方面的魅力。

> 《医林纂要》："坚肾，补命门，温中，燥脾湿，泻心，降逆气，凡一切不调之气皆能调之。并治噤口毒痢及邪恶冷风寒痹。"

养生从养命的角度而言，首先重在对身体的调理，《医林纂要》中认为沉香具有调气的作用，可以"凡一切不调之气皆能调之"，对保健身体有很好的效果。

> 《本草纲目》："主治：风水毒肿，去恶气，佳心腹痛，霍乱中恶，邪鬼疰气，清人神；调中，补五脏，益精气，暖腰膝，止转筋吐泻冷气，破症癖，冷风麻痹，骨节不韧，风湿皮肤瘙痒，气痢；补脾胃，益气和神。治气逆喘急，大肠虚闭，小便气淋，男子精冷。"

《本草纲目》中指出了沉香在中医体系中对人体的各种疾病的具体疗效,对人体的肠胃、呼吸、肾脏等各个方面都大有裨益。

《本经逢源》:"沉水香性温,秉南方纯阳之性,专于化气,诸气郁结不伸者宜之。温而不燥,行而不泄,扶脾达肾,摄火归源。"

《本经逢源》中对于沉香的性状也有了精准的概括,认为沉香是纯阳之性,而它对人体的保健和调理是一种温和的滋补和疏导。

沉香香药

三、雅致沉香

随着古典香学文化的深入人心,加上收藏市场对沉香的宠爱,各类沉香的饰品成为了爱香之人的追求,它既有一种古典的内涵,同时也是一种时尚的元素。

（一）雕件

将较为紧实的沉香香体作为材料，施以人工雕刻，从而将沉香原始的质感、肌理和精美的雕刻工艺相结合，呈现出一种自然和人文的融合美感。雕件一般作为挂件饰品，以沉香独有的气质表现出用香者的清雅、高洁。

沉香雕件——岁寒三友

在沉香古朴的色泽和纹理上，精雕出岁寒三友的形象，展现精致和古朴的融合

沉香雕件——瑞兽献宝

以中国古代神话为题材，融合沉香古典的香学美感

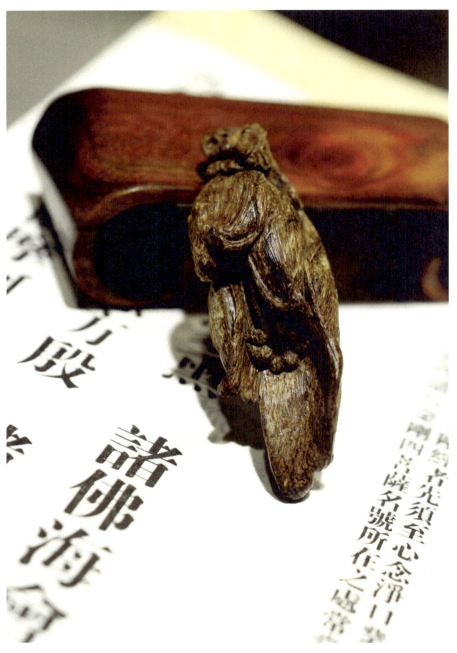

沉香雕件——木兰花
沉香所雕刻的木兰花，带有精致细腻的外形和独特的香气

沉香雕件——节节高
以竹笋的形象寓意节节高升

沉香雕件——鱼跃
代表活力和希望

传统的中国式的雕刻工艺会在沉香中雕刻一些古典的题材内容,带有中国文化的内容、象征,融入美好的祈愿。对于用香者而言,沉香的雕件、挂件是在日常生活中融入香学元素的良好途径,同样的,它也具备了收藏的意义。

(二)摆件

沉香摆件是文玩摆件中的一种,它既可以作为香席中的一种装饰元素,也可以是沉香收藏爱好者日常生活的摆设品,同样也是香学文化的符号元素。

沉香香席

沉香摆件——竹报平安　　　　沉香摆件——鸳鸯戏水

以沉香作为摆设体现出的是一种高贵、典雅、内涵丰富的文化行为,在现代香文化中,使用沉香摆件也是一种颇具品味和时尚感的香生活。

沉香随形摆件

沉香大摆件

沉香雕件摆件——达摩
沉香独特的文化背景使得沉香非常符合佛教主题的雕刻

（三）佛珠

在沉香的收藏市场上，将沉香原料加工成圆珠串成沉香佛珠，是一种非常流行的把玩佩戴方式。沉香佛珠的使用，最早源自于佛教的用香，由于沉香在佛教中的特殊地位，将沉香作为佛珠修持、念佛受到了比丘、信众的推崇。

在古典香学文化得以复兴，沉香的市场价值又日益上涨，价格迅猛飙升的现在，沉香佛珠手串成为了爱香之人，文玩爱好者，沉香收藏家们的共同宠儿。而对于用香者、爱香者而言，拥有一条高品质的沉香手串也成为了一种物质和精神的共同追求。沉香佛珠也是用香美学与艺术的重要展现。

（四）香品

沉香的香品主要包括：沉香的线香、盘香、塔香、倒流香等，这些香品前文都有记述。沉香香品带来了清妙的香气，缥缈的烟形，具有独特的香氛。

清代棋楠沉香手串

现代沉香手串

108 颗沉香念珠

文玩搭配沉香佛珠

沉香线香

四、沉香香气

沉香香气是所有香料中最为特别的。首先沉香是一种油脂型的香料，这就决定了沉香能够通过热熏、燃烧等明火方式发香，而多数草、木本的香料是不能这样使用的。其次，沉香里面的油脂成分——沉香醇，是一种非常特别的芳香混合物，成分复杂，这就导致了沉香的香气里面融合了各种不同的香气味道，变化丰富。最后，沉香的漫长结香过程，使得最后得到的香体的香味到达了最终的平衡，因此沉香虽然香气复杂、丰富，但却十分稳定。由此也使得沉香成为了优质的合香材料。

沉香的香气主要由：甜香、奶香、凉气、果香和辛麻感组成。这几种气味相互混合、搭配，形成了沉香丰富多变而又发香稳定的香气感受。沉香的这种特点也使得沉香非常适合作为香席使用的香料。

"沉香作庭燎，甲煎纷相如。岂若注浊火，萦烟袅清歌。"

——《和陶拟古诗》·苏轼

苏轼在《和陶拟古诗》中将沉香的香气形容为一首婉转而缭绕的清歌，带给世人一种独特的香气美感。诗中也倡导对沉香的珍惜和悲闵之情，这符合儒家对香的理解，从另一个方面，我们也能感知到沉香的独特气味，以及其在古典香文化中给人带来的精神作用。

品味沉香

粗制、朴素的外表下，蕴含了香气的精髓与美感。

五、总结

现代中国的香学文化，是继承自中国古典香学文化的内容，它包括了香料的继承、香器具的继承、香礼仪文化的继承。但是我们也应该看到，这些继承同时包含了发展的内容，继承和发展的同时存在，是文化得以繁荣并且富有生命力的展现。我们这一代的用香者应该加强对沉香知识、文化的了解，并在现代的香学文化中加入更多的沉香元素。

首先，沉香作为市场的热点，它能够帮助我们推广香学文化的发展，通过对沉香的普及进而为国人了解传统的香文化、香内容打开一个窗口。

同时，从古至今，沉香展现的都是一种高贵、典雅的形象。用香者对沉香的使用不仅可以提升用香的层次，展现用香的美感和艺术，还能为品香者带来独一无二的香味感受和精神享受。

现代的用香者们，不能将沉香孤立于收藏市场中，也不该将沉香作为一种奢侈品，对它文化价值、美学价值的发掘将帮助中国古典香学文化更好的传承和发展。

香艺表演是一种基于现代香学文化的表演方式，它以中国传统文化中的用香方式为核心，通过布景、动作编排、用香礼仪、香席设计、音乐等元素的融合，以动态的方式展现用香之美。我们可以通过香艺表演来提升用香的动态表现力，展现国学香文化的丰富内容。

第五章　香艺表演

一、香艺表演概述

相对于香席设计追求香在静态的画面感上的展现，香艺表演追求的是香在动态上的艺术和美学展示。因此香艺表演所涉及的香学文化内容要来的更加全面和精细，对于用香者的要求也更高。

（一）香艺师

广义的香艺师指的是这样一种高端的用香者：他能以中国传统国学的视角看待香，了解香、感知香，继而展现香的美学和艺术，弘扬出香学文化的精神内涵。这样的用香者具备了在一定的高度上发挥出香文化魅力的能力。

狭义的香艺师指的是香艺的表演者，香艺师以自身的容颜、体态、气质、谈吐等各方面综合素质展现香艺表演的魅力，成为香艺表演的承载与核心。

香艺师

（二）展现方式

在本书所探讨的主题：用香的美学和艺术中，香艺表演是最具有舞台艺术感的用香形式。在展现古典香学文化上，它能够结合许多现代的表现方式，使得用香的美感和艺术感在更加符合现代审美的同时，还能还原出古典用香的精神内核。

1. 舞台型香艺表演

舞台型的香艺表演是一种基于舞台艺术的用香礼仪表演。通过舞台这种艺术形式展现的香艺表演方式，一般适宜于大型的，具有舞台的会场。由于舞台和观众席的隔离，表演时会使得香艺表演者和品香者（观赏者）之间产生一定的距离，这就会弱化香气的感知。因此，用香的礼仪，场景的布置，氛围的创造将成为舞台型香艺表演最为重要的展示内容。无论是编排者，还是表演者，都需要在传统用香的文化中，强化表演的动作感、流程感，强化人物，从而加强整体的视觉效果和动态展现，克服香气无法直接被感知的劣势，传达出所要表达的主题。

舞台型香艺表演一般是含有主题故事的表演内容，如大汉熏香、红袖添香、祈福香等。

2. 香席型香艺表演

香席型的香艺表演是一种基于香席的香艺表演方式，一般在一个香席及其品香空间的范围内进行演绎。香席型的香艺表演方式能更为细腻、直接的展现香席的设计，香气的内容。由于观看者人数有限，香席型的香艺表演能从容的展示香料的香气和细致的表演流程，甚至能和品香者（观赏者）直接形成互动，达成中国古典香文化中所强调的精神力量的传达。由于距离较近，因此，编排者和表演者在动作设计和流程编排上因重在对香的细腻展示，切勿夸张。

香席型香艺表演一般常以用香仪式为主题，如编排的隔火空熏、篆香、日式香道等。

3. 会场型香艺表演

会场型香艺表演一般介于舞台型和香席型之间,往往出现在展会、集会上,在表演的过程中,通常会有一定的人流。这一类型的香艺表演要求香艺的编排者和表演者需要兼顾用香的细腻与表演整体的视觉效果。舞台型香艺表演要求流畅的表演过程,香席型香艺表演会有用香者在"静"中的思考,会场型的香艺表演需要表演者在这种"习静"和"冷场"中找到平衡,使得观众在感知香的过程中,体会到用香"静"的同时,也不会感觉冷场。

表演的整体和细节

二、古典香艺故事

香艺表演这种用香的艺术形式是从现代的用香者和香生活中出现的，这种表演形式在传达香学思想，弘扬古典香文化上有着十分重要的作用。虽然这种表演形式并非自古便有，但是我们在浩瀚的中华文化历史中，往往能发现一些美丽的用香画面，这为我们现代的用香者提供了绝佳的素材。

（一）貂蝉拜月

1. 典故出处

"貂蝉拜月"的典故出自中国古代四大美人，有着"闭月"之称的貂蝉，貂蝉是东汉末年司徒王允府中的歌女，有着国色天香，倾国倾城之貌。

王允因东汉王朝被奸臣董卓所操纵，心忧不已，貂蝉虽为女子身，亦心系国家，愿为王允分忧，遂在月下焚香以祷告上天，祈求国泰民安。传闻香气缥缈升天，空中之月神即感貂蝉之诚心，亦叹其容貌之美，自惭形秽而躲入云中，由此也成全了貂蝉"闭月"之美名。

2. 香学主题

这一典故中，熏香拜月成为了整个意境的展现，而主要的意象熏香、美人、秋月，三者融合形成了整体画面。

3. 形象描述

故事发生在汉代，此时的用香多为熏香，熏炉和缥缈的香烟成为了香元素的核心。貂蝉作为四大美人之一，美丽的容貌，优雅的气度，体现了用香者的典雅和高贵。在静谧的夜晚，空中悬着高洁的明月，优雅的女子虔诚的祈拜于袅袅香烟，希望得到上苍赐福于这个千疮百孔的国家。在这样一种动态的用香场景中，用香的美便可以得到升华，体现在女子绝美的容颜和心灵上。

（二）红袖添香

1. 典故出处

清代女诗人席佩兰在作品《天真阁集》附《长真阁集》卷三之《寿简斋先生》中诗云："绿衣捧砚催题卷,红袖添香伴读书",这是"红袖添香"最早的出处。

2. 香学主题

"红袖添香伴读书"中,"红袖"代表着美丽的女子,她作为伴读在男子书案的香炉中添入一些香料,为男子静心、安神。

3. 形象描述

这是一幅展现学子读书的画面,其中的用香是最为常见的生活用香方式,在书案上,放置一个香炉,一个身着红衣的女子款款而来,扶起长长的红袖,以精致的小勺,在香瓶中取出一匙香,添入炉中,香气缓缓,伴随着朗朗书声而渐渐悠远。在这一场景中,用香有着浓厚的生活气息,包含着伴读女子的关怀和慈爱,香细腻而温婉的美感藉于这个红袖女子呼之欲出。

（三）七香描黛

1. 典故出处

描述了唐代后宫奢华的用香生活,妃子们以香为美,用香熏衣,并使用七种不同的香料描眉,称为"七香描黛"

2. 香学主题

表现了是一种贵族的奢侈用香,在雍容华贵之中,唐代的侍女为妃子们熏衣、碾香、描眉。

3. 形象描述

唐代的用香方式是丰富多彩的,尤其是宫中的贵族用香,不同香器具的陈设和展示,一切都显得华贵、晶莹。侍女们手持相斗、纱幔,以香入香斗熨衣，雍容华贵的唐代妃子静坐，侍女们将七种香料融合，为妃子描眉。场景、人物、器皿、动作的融合，能带人进入宫廷的高贵氛围中，将贵族用香娓娓道来。

古典用香方式大量出现在中国古典香文化中，这些都是古代的香艺表演，它融入日常生活的方方面面，同时也为现代的用香者们，香艺师们提供了香艺表演的绝佳素材。本文只列举三个典故，为用香者提供实例和方法，在实践中，用香者要有历史的眼睛，发现美的嗅觉，才能更好地展现出古典香文化的动人心魄的美。

三、现代香艺表演设计

现代香艺表演需要香艺的设计者、表演者以从主题到内容对香艺表演进行整体的设计和编排。

（一）主题

目前的香学文化内容主要还是以传承和诠释古典香学文化的内涵为主题，因此香艺表演的主题一般从四个方向进入：儒家（雅士与隐士）用香礼仪与精神、佛教用香礼仪与精神、道教用香礼仪与精神、贵族用香礼仪与精神。

这四种用香的方式都具有很强的识别度，并且在历史和文化的发展中积累了很多的元素与主题。我们可以将其中的一种文化作为主题，使其成为窗口，慢慢挖掘、延伸。

（二）架设

在主题明确后，我们便开始架设香艺的主要内容：表演者表演什么，如何表演。假设我们选取佛教主题的香艺表演，以佛教的祈福香作为表演的内容，于是我们可以通过佛教"戒定真香"的礼仪与手法，一步一步解决"表演什么"这个问题。"戒定真香"一共上三炷香，供养"佛、法、僧"。在"如何表演"上，为了使整体更富有观赏性，我们可以融入佛教的手印，如"禅定"、"莲花"等，但在表演过程中需注意，任何的过程，包括持香的手势，拜香的姿势等，需要在佛教的规范之内展现，如此才是正统文化的融入及对文化的尊重。

（三）背景

香艺表演的背景包括人物的服装、舞台（品香空间、会场）的布置，香席的设置等。当这些背景的元素符合主题时，会呈现出强大的气氛感和吸引力。设计者充分发挥出香的氛围美感和意境美感，在主题框架内，提升香艺表演的感染力。比如在上文的例子中，表演者可身着禅衣，周围环境中可点缀佛教元素，如佛像、佛塔等，在香席的设计上，可以加入香宝子、行炉等佛教专用行香器具。

（四）香气

根据舞台型或香席型或会场型等香艺展现的不同方式，对于香气的要求也会有所不同，相对而言，香席型的香艺表演在对香气的控制上需更加的细腻。无论如何，香料的选择也因改符合表演的主题，如佛教主题的香艺表演，多用沉香、檀香和藏香，以气味感染人。

（五）音乐

音乐是强化表演感染力的重要方式，尤其是舞台型的香艺表演，音乐还可以帮助表演者寻找表演节奏，为品香者（观赏者）带来律动。不同的音乐对应不同的表演主题，需要香艺表演的编排者有着精当的把控。

本书中所描绘的是一般香艺表演设计的思路，具体的内容需要编排者在实际中的探索和学习。而香艺表演作为一种高级的用香美学和艺术的展现形式，将会成为未来香学文化继承和发展的核心内容，因此需要广大的用香者、香学爱好者、香艺师们以更多的智慧和耐心将目前仍处于初级阶段的香艺表演艺术更好发扬和传播。

香会雅集为所有的用香者、爱香者提供了这样一种可能性：以一个自由的、浪漫的方式融合所有志同道合之人，共同研习香、展现香、交流香，继而追求更美好的生活。

第六章　香会雅集

一、香会雅集概述

"香会",简而言之,是一个以香会友的过程。"香",作为交流的主题之一;"会",是一种融合,一种交流。香会不同于香席活动,香席活动一般是集中在一个香席的品香空间内,而香会的活动范围更加广泛。香是香席活动的唯一主题,而香只是香会的主题之一,它包含的内容更加的丰富。

"雅集","雅"指的是"雅士","集"代表者交集。"雅集"便是雅士的集会,它限制了参加集会的人群,必须是具有才情雅致,且品德高尚之人。而在古时,这样的人必定具备一定的地位与名望。由此,参加"雅集"的必定不会是愚蠢、麻木之人。

《西园雅集图》
书法与香道主题的雅士集会

香会雅集指的是以香会的形式组织的雅集活动,香的文化及元素在整个活动之中承担了媒介的作用。有时候,香文化、香元素并非是雅集活动的主题,主题可以是各种多样的内容,而香只是其中的一个组成,甚至是对活动主题的衬托。

《杏园雅集图》
"琴、棋、书、画、茶、香"皆可以是主题

通过我们对香文化的了解、感知，我们知道香具有很强的沟通作用，在香会雅集中，它能更好地使不同的人群融入一个共通的文化中，同时也能提升活动的境界，过滤庸俗和粗鄙。因此，香虽然并不是雅集的唯一主题，但在一个香会雅集活动中，却是一个必不可少的组成内容。

一般而言，香会雅集分为：文艺型的香会雅集和娱乐型的香会雅集。

文艺型的香会雅集囊括了一些文雅的艺术活动作为主题，比如书法、绘画、茶道、香道、古琴演奏、插花艺术等。有时是单一主题的雅集活动，有时是各种主题相互结合产生的雅集活动。无论如何，文艺型的雅集总是需要一种艺术表现形式来形成互动，达成鉴赏和感悟的目的。将香元素融入其中，可以帮助雅致气氛的建立，平和参与者的心性，强化感知。

娱乐型的香会雅集活动，带有更多的娱乐色彩，或是对心情的放松，或是雅趣的沟通，或是玩物的欣赏，其中玩乐的心情居多。香元素的融合，更加有助于人的轻松感、愉悦感的塑造，增加趣味性。

二、香会雅集举办

香会雅集的举办是建立在文化的背景中的，因此更加注重集会的文化因素，举办香会雅集，令我们以文化的共通性汇聚人脉，自然的剔除了"非同道之人"，且在香会雅集的过程中，文化得以交融，情感得以传达，思维得以碰撞，这种不拘一格而又神、形合一的活动方式，成为更好、更崇高的聚会方式，也表达出了参与者的清高脱俗、风流儒雅和独立精神，是提倡雅致生活和文化精神者的向往。

（一）邀请

在香会雅集举办之前，对参加者人数的确认，对每个参加者身份及文化背景的了解，是一个香会雅集活动能否成功举办的前提条件。邀请的对象应该是那些具备文化精神，情感敏锐、心性平和、勤于思考、观察细腻、富于才情之人。而对于愚钝、麻木、粗鲁、狡辩、暴怒之人，因尽量慎重选择。邀请之请帖应该在集会前数日发至受邀人手中，并在雅集前一天再次确认能否出席。

邀请最好也能契合活动的主题内容，包括邀请形式和邀请措辞，若有古风者更佳。

（二）场地

场地的选择，因尽可能是优雅、安静的环境，场地的大小需符合人数，无论是室内，还是室外，都需要展示出举办者的文化涵养，并让参与者能够静心融入环境之中，寄情于景，安神于境。古典园林、私家会所、亭台楼阁等都是很好的选择。

（三）主题

香会雅集的主题是整个活动的核心灵魂，举办者应该在举办前尽可

能留出充分的时间做精心准备，不同的主题会吸引不同的参与者，产生不同的效果。针对主题，举办者也应尽可能地对场地周围的环境，场地内的布置，背景的音乐等进行精细的设计和塑造，为主题元素服务。使得参与者在进入主题后，产生一种身临其境之感。

（四）流程

香会雅集的流程一般分为：参与者的介绍，主题活动内容和交流三部分。介绍集会者是对参与雅集的各界人士的一种认可，这种形式可以让参与者相互间尽快产生初步的了解，并消除相互间的隔阂，为接下来的主题铺路。在主题内容进行时，根据不同的主题设计各个环节，使得活动丰富和有趣。最后，留出时间让参与者相互之间有足够的互动、交流，碰撞火花。

（五）结尾

香会雅集是随性的，它的目的不在于以文化、礼仪来扼杀人的自由思想，恰恰相反，它是在一种雅士文化的环境中，为参与者创造自由思想的沃土，并建立一个交流、集会的平台。在任何一个香会雅集的结尾，举办者都需要为所有参与者留下一个彼此互相之间能够长期交流的链接，真正发挥雅集的作用。

三、香的融入

雅集活动有很多类型，只有当香融入其中时，才能称为是一个香会雅集活动。前文中便提到，香文化并非是香会雅集的核心内容，但在其中却发挥了至关重要的作用。如何成功的举办一个香会雅集是一个现代用香者需要关注的重要内容。

以香的气味和形态展现优雅的芳香氛围；以古典用香的文化和礼仪提升雅集的文化内涵；以香生活和香礼仪表现对雅集参与者的尊重；在雅集场所设置香席及品香活动；通过香艺表演丰富主题内容；设立香学文化讲座，普及香文化知识，这些方式都可以成为用香者在香会雅集中的才华展示。

作者简介

张艺凡

青年香艺师，毕业于山东艺术学院音乐学院，自小受母亲影响，热爱国学、国艺，18岁皈依汉传佛教，从此开始深入了解中国古典香学文化。出于对佛学的喜爱，多次在河北柏林禅寺、浙江慈云佛学院等寺院中担任义工，同时拜访名师，静心学习佛教之香学文化。后师从上海香艺研究所（中国香艺创立者）乔木森老师，系统地学习香学文化知识及香艺表演，并担任乔木森老师助教，教授香艺表演实操。

张艺凡有着多年的香艺表演经验，受邀于许多大型商会、香博览会、香会进行香艺表演，表演风格独特，飘逸典雅，充满灵性。

后记

作者与乔木森老师和陈巧生老师合影

《香艺入门百科》一书，表达的是我对于香的感受，同时也纪念一段特殊的记忆。

现在的我离开我的香艺老师——乔木森老师已经两年了。我依然记得当初那个对世事还感到懵懂的女孩，她抱着对香文化的一腔热情，只身前往上海，学习香艺。当她被留在上海市香艺研究所成为乔老师的助教时，她是那么的满心欢喜，仿佛整个世界如花般盛开。

那时的我每天融入在香的海洋里：打香粉，装香瓶，打香篆，切割沉香烟丝，缝绣香囊，学习香艺表演，组织香会。当一天忙碌的工作之后，满身的疲惫中却带着香气的芬芳。那时独居上海，鲜有出游，时常会感到孤独，于是自我安慰：香气作伴，自是人生好时光。

香，成为了一种独特的缘分，改变了我日后的生活。我就在恍恍惚惚中，过去了一天又一天，当发现要离开时，猛一回首，居然在不知不觉中，学习到了那么多。果然爱香之人，都是有福报的人，虽然清苦，但无比的快乐。

感恩母亲，她令我走上了这条路；感恩乔老师，他是我的授业恩师；感恩香，它让我领略了一个如此美好的世界，并让我最终成为了一个快乐的香艺师。

编写本书，也是为了感恩世人，香带给我的快乐和美好，希望能借此带给每一个人。

张艺凡